内容简介

本教材由人力资源和社会保障部教材办公室组织编写。教材以《国家职业标准·茶叶加工工》为依据，紧紧围绕"以企业需求为导向，以职业能力为核心"的编写理念，力求突出职业技能培训特色，满足职业技能培训与鉴定考核的需要。

本教材详细介绍了初级茶叶加工工要求掌握的实用知识和技术。全书分为基础知识和操作技能两个部分，主要内容包括茶叶基础知识、食品安全与操作安全、加工准备、主要加工过程控制、质量检验。书末提供了理论知识考核试卷及答案，供读者巩固、检验学习效果时参考使用。

本教材是初级茶叶加工工职业技能培训与鉴定考核用书，也可供相关人员参加就业培训、岗位培训使用。

职业技能培训鉴定教材

茶叶加工工

（初级）

主　编	王　云	四川省农业科学院茶叶研究所
副主编	李春华	四川省农业科学院茶叶研究所
	陈昌辉	四川农业大学茶学系
编　者	董成吉	四川博茗茶产业技能培训中心
	房代芬	四川博茗茶产业技能培训中心
	刘光武	昌泰普洱四川办事处
	李宗垣	福建省安溪县农业与茶果局
	凌文武	安溪县地方志编纂委员会办公室
	陈书谦	四川雅安市茶业协会
	刘祥云	四川省峨眉竹叶青茶叶有限公司
	黄　平	四川省农业科学院茶叶研究所
	唐晓波	四川省农业科学院茶叶研究所
	施友权	四川名山县禹贡蒙山茶业有限公司
	罗载友	成都天源居名茶有限公司
	杨文学	四川名山县皇茗园茶业有限公司
	侯红雨	成都一味茶业有限公司
	徐　浩	成都千巡饮业有限公司
审　稿	骆泽海	四川省太白茶业有限公司

中国劳动社会保障出版社

图书在版编目（CIP）数据

茶叶加工工：初级/人力资源和社会保障部教材办公室组织编写. —北京：中国劳动社会保障出版社，2010
职业技能培训鉴定教材
ISBN 978-7-5045-8722-0

Ⅰ.①茶… Ⅱ.①人… Ⅲ.①茶叶加工-职业技能鉴定-教材 Ⅳ.①TS272

中国版本图书馆 CIP 数据核字(2010)第 243603 号

中国劳动社会保障出版社出版发行
（北京市惠新东街1号　邮政编码：100029）
出版人：张梦欣

*

三河市华骏印务包装有限公司印刷装订　新华书店经销
787 毫米×1092 毫米　16 开本　10.75 印张　224 千字
2010 年 12 月第 1 版　2023 年 3 月第 20 次印刷

定价：21.00 元

营销中心电话：400－606－6496
出版社网址：http://www.class.com.cn

版权专有　　侵权必究

如有印装差错，请与本社联系调换：（010）81211666
我社将与版权执法机关配合，大力打击盗印、销售和使用盗版图书活动，敬请广大读者协助举报，经查实将给予举报者奖励。
举报电话：（010）64954652

前 言

科技日新月异，我国产业结构调整与企业技术升级不断加快，新职业和新岗位也不断涌现，能不能拥有一批掌握精湛技艺的高技能人才和一支训练有素、具有较高素质的职工队伍，已成为决定企业、行业乃至地区是否具有核心竞争力和自主创新能力的重要因素。一些地区、行业、企业根据工作现场、工作过程中职业活动对劳动者职业能力的需求，纷纷提升人才培养规格与培养标准，从过去单一社会化鉴定模式向自主培训鉴定、职业能力考核、工作业绩评价等多元评价模式转变，从过去以培养传统技术技能型人才为主向培养技术技能型、知识技能型和复合技能型人才转变，职业培训与鉴定考核领域进一步拓展。为了适应新形势，更好地满足各地培训、鉴定部门及各行业、企业开展培训鉴定工作的需要，我们根据地方、行业和企业实际，组织编写了一批具有地方、行业特色，满足企业需求，或面向新职业、新岗位的职业技能培训鉴定教材。

新编写的教材具有以下主要特点：

在编写原则上，突出以职业能力为核心。 教材编写贯穿"以企业需求为导向，以职业能力为核心"的理念，结合企业实际，反映岗位需求，突出新知识、新技术、新工艺、新方法，注重职业能力培养。凡是职业岗位工作中要求掌握的知识和技能，均作详细介绍。

在使用功能上，注重服务于培训和鉴定。 根据职业发展的实际情况和培训需求，教材力求体现职业培训的规律，反映地方、行业和企业职业技能鉴定考核的基本要求，满足培训对象参加各级各类鉴定考试的需要。

在编写模式上，采用分级模块化编写。 在纵向，教材按照职业资格等级单独成册，各等级合理衔接，步步提升，为技能人才培养搭建科学的阶梯型培训架构。在横向，教材按照职业功能分模块展开，安排足量、适用的内容，贴近生产实际，贴近培训对象需要，贴近市场需求。

在内容安排上，增强教材的可读性。 为便于培训、鉴定部门在有限的时间内把最重要的知识和技能传授给培训对象，同时也便于培训对象迅速抓住重点，提高学习效率，在教材各单元中每节都设置了"培训目标"，以提示需要掌握的重点、难点、鉴定点和有关的扩展知识。另外，每个级别的教材都提供了理论知识考核试卷，以方便培训对象及时巩固、检验学习效果，并使其对本职业鉴定考核形式有一个初步的了解。

本书在编写过程中得到了四川省劳动和社会保障厅、四川省职业技能鉴定指导中心、四川省农业科学院茶叶研究所、成都天源居名茶有限公司、四川名山县皇茗园茶业有限公司、成都一味茶业有限公司、成都千巡饮业有限公司的大力支持和热情帮助，在此谨表诚挚的谢忱。

编写教材有相当的难度，是一项探索性工作。由于时间仓促，不足之处在所难免，恳切希望各使用单位和读者对教材提出宝贵意见，以便修订时加以完善。

人力资源和社会保障部教材办公室

目 录

第一部分 基础知识

绪 论/3

第1单元 茶叶基本知识/7—43

第一节 茶叶分类/9
- 一、茶叶分类的依据
- 二、基本茶类
- 三、再加工茶类

第二节 茶园建设与管理/14
- 一、适宜茶树生长的环境
- 二、茶树品种类别
- 三、茶园管理

第三节 茶区分布概述/30
- 一、国内茶区分布
- 二、茶叶产销情况

第四节 茶叶加工基本原理/32
- 一、茶叶品质的形成
- 二、各茶类加工工艺技术的基本要求
- 三、初制技术对茶叶品质的影响
- 四、精制技术对茶叶品质的影响

第2单元 茶叶安全与生产加工操作安全基础知识/45—57

第一节 与食品安全法和产品质量法相关的知识/47
- 一、《食品卫生法》相关知识
- 二、《产品质量法》相关知识

第二节 茶叶生产加工安全操作知识/53
- 一、安全用电知识
- 二、机械操作安全知识
- 三、防火防爆安全知识

四、急救知识

第二部分　初级茶叶加工工操作技能

第3单元　加工准备/61—78

第一节　原料准备/63
一、初制原料（鲜叶）
二、精制原料（毛茶）

第二节　设备、工具、场地准备/70
一、设备准备
二、工具用品准备
三、场地准备
四、注意事项
五、相关知识

第4单元　主要加工过程控制/79—123

第一节　基本茶类绿茶工艺控制/81
一、形成绿茶的基本过程
二、绿茶初制
三、绿茶精制
四、代表性的地方毛茶加工
五、有代表性的地方名茶加工
六、注意事项
七、茶类相关知识

第二节　设备操作与维护/112
一、茶叶机械设备的日常维护
二、茶叶主要机械设备的操作规程
三、名茶加工机械设备操作规程
四、茶叶精制机械设备操作
五、辅助工具的操作
六、注意事项
七、相关知识

第三节　在制品茶的质量控制/120
一、杀青叶杀青程度、匀度的判断
二、全发酵茶、半发酵茶发酵情形的判断
三、毛茶含水量的判断
四、注意事项

五、相关知识

第5单元　质量检验/125—153

第一节　茶叶质量要求/127
　　一、不同等级鲜叶的区别
　　二、精制质量要求
　　三、非茶类夹杂物的鉴别和拣剔
　　四、注意事项

第二节　包装储存/143
　　一、包装
　　二、储存
　　三、相关知识

理论知识考核试卷（一）/154
理论知识考核试卷（一）答案/157
理论知识考核试卷（二）/158
理论知识考核试卷（二）答案/161

第一部分 基础知识

绪 论

中国是茶树原产地,从茶的发现至今已有五千多年历史,茶学祖师陆羽于8世纪就编写出世界上第一部茶叶专著《茶经》,对茶的起源、名称、性状、产地、种类、栽培技术、饮用方法和功效,茶具以及茶史逸事等都作了翔实的记述。在漫长的历史长河中,中华民族在茶的发现、栽培、加工、利用、传播与发展上为人类进步史写下了光辉的篇章。世界各国的茶树品种、种植方法、加工技术以及饮用方式无一不是直接或间接来源于中国,这一史实已得到世界的公认。

一、发展制茶工业的意义

我国是农业大国,同时也是产茶大国。生产茶叶的区域,东起台湾东海岸、西至西藏易贡,南起海南岛榆林、北至山东荣成,共有21个省(自治区、直辖市),967个县市。我国茶树品种资源丰富,品质优良,适制各种茶类,同时具有强大的科技队伍和成熟的加工技术以及较为先进的制茶设备。近几年我国茶园面积和茶叶产量均居世界首位。

茶叶既是我国的传统优势产品,也是广大茶农脱贫致富的经济支柱。茶叶在农村社会经济发展中扮演着越来越重要的角色。茶叶的经济价值是通过加工技术来实现的,发展制茶业就是要不断地改进加工技术,提高产品质量,充分发挥茶叶的经济价值,实现由产茶大国向茶叶强国的转变。

茶叶是世界三大天然饮料(茶叶、咖啡、可可)之一,具有许多对人体健康有益的功效,如解毒止渴、消食去痰、兴奋解倦、利尿明目、降血压、降血糖、降血脂、防辐射、抗衰老等。在追求健康生活和高雅社交的今天,茶叶作为一种纯天然的健康饮品和富含文化内涵的交友伴侣,不仅能满足人们的生理需求,而且能满足人们的精神需要。随着国民经济的发展和人民生活水平的提高,人们对茶叶的需求有了新的变化,这就要求制茶业尽可能生产出更多、更优质的茶叶以供应市场。因此,发展制茶业具有十分重要的意义。

二、制茶技术的发展

制茶是指采用一定的方法将茶树鲜叶制作成人类饮用品的过程,制茶技术就是掌握和控制这种方法的能力。

茶叶从被发现开始,发展到今天,品类繁多,生产形式逐步实现了机械化、连续化、自动化,茶叶的应用也突破传统饮品而深入到其他领域,其间经历了相当长的历史时期。

制茶技术的发展大致可分为初级阶段、发展阶段和深入阶段。

1. 制茶技术的初级阶段

这一阶段是指从咀嚼茶树鲜叶到蒸青团茶的盛行,即从神农时期至唐朝末期,历时3 000多年。其间茶叶加工技术经历生煮羹饮,晒干收藏,制饼烘干几次更新。其特点是对茶叶品质有了初步认识,发现了能去除影响茶叶品质的青草气和苦涩味的方法——将鲜叶蒸后压榨;茶类单一,只有绿茶生产而且只是蒸青团茶。

2. 制茶技术的发展阶段

这一阶段从蒸青团茶到六大茶类的相继出现,即从宋朝至清朝,历时700年左右。其间人们经过长期的生产实践,不断总结经验,改进加工技术,改善茶叶品质,将蒸青团茶制法改制蒸青散茶,再改制炒青散茶(绿茶),直至发展到黄茶、黑茶、白茶、青茶、红茶加工技术出现。此阶段的特点是时间短,发展快,从而形成了品类齐全的六大茶类。

3. 制茶技术的深入阶段

这一阶段从新中国成立至今。上述两个阶段制茶的最终目的是实现茶叶的饮用价值。随着茶叶加工和应用技术的发展,人们对茶叶的认识更加深入,将茶叶应用到了更加广泛的领域。一方面,制茶方式由手工制作发展到机械化、连续化、自动化生产;另一方面,茶叶得到了更加广泛的应用。茶叶饮用方面延伸到了速溶茶、冰茶、泡沫茶、茶汽水、茶酒等,茶叶食品则有茶糖果、茶点心、茶肴、茶冷饮品等。在医疗保健方面,有各种保健茶,并从茶中分离和纯化出某些特效成分加以利用,如药用方面用茶多酚制成维多酚、儿茶酚口服液,茶多糖抗辐射制剂等;在日用品方面,有茶叶抗氧化剂、茶叶色素、茶叶保鲜剂等。

三、怎样学好制茶技术

要学好制茶技术,首先,明确制茶技术在茶叶加工过程中的地位。茶叶品质由鲜叶的质量和加工工艺所决定,而制茶技术是掌握和控制加工工艺的手段。在相同鲜叶质量的前提下,加工技术直接影响制茶品质。茶叶品质的不同是因为不同的加工工艺致使其内含物发生了不同程度的变化。有合理的加工工艺和相应的技术措施,就能制出符合产品质量要求的成品来。其次,制茶学是一门多学科相关联的技术性与实践性较强的学科。例如,鲜叶质量如何,适合做什么茶类,可做成哪个档次的茶,这些涉及茶树品种学、茶树栽培学;在加工过程中,要控制在制品质量又涉及茶叶生物化学、制茶机械学;成品茶是否符合产品要求,工艺、技术参数是否合理,则需要用审评、检验的知识来加以评价。因此,要学好制茶技术必须结合相关学科知识来学习。另外,学习加工技术只有理论知识是远远不够的,必须将理论知识应用到生产实践中去,不断学习——实践——总结,从生产实践中观察和寻找鲜叶在整个加工过程中的变化规律,了解和掌握机具设备的工作性能,不断改进加工工艺和机具设备的工作性能,才能用更好、更先进的工艺和设备为生产服务,使鲜叶发挥出最大的经济价值。

总的来说,学好制茶技术应从以下几个方面加以深入研究:

(1) 系统地了解与之相关的茶树生物学、茶园生态、茶树繁殖、茶园管理的一般基础理论知识，加深对茶树生长过程的认识。

（2）熟练地掌握茶叶采摘一般规律和茶叶采摘的一般原则，全面而系统地掌握依据茶类不同而分别采取的细嫩采、适中采、成熟采的采摘标准。

（3）熟悉茶叶分类的一般方法，了解绿茶、黄茶、黑茶、白茶、青茶、红茶六大茶类茶叶的品质特征的差异，掌握形成各种茶类不同品质特征起着主要作用的多酚类化合物氧化程度在制茶过程中的变化差异的基础知识。

（4）努力学习基础理论知识，深入了解鲜叶的形态特征、物理特性、主要化学成分、保鲜技术及其适制性要求。

（5）熟悉制茶理论基础中的化学作用、热的作用、光的作用、汽化作用、水的作用、机械作用在制茶过程中的作用效应。

（6）了解制茶技术基础中萎凋、杀青、揉捻、干燥工序及其加工技术对制茶品质产生的作用和影响。

第 1 单元

茶叶基本知识

- 第一节　茶叶分类/9
- 第二节　茶园建设与管理/14
- 第三节　茶区分布概述/30
- 第四节　茶叶加工基本原理/32

众所周知，中国是茶的发祥地，茶的栽培、加工及应用历史悠久，茶区广阔，品种资源丰富，具有一整套先进的制造各类茶的加工工艺和技术，呈现出千姿百态、各具特色的茶叶品类。茶叶分类的任务就是将这纷繁复杂的茶叶分门别类，研究和比较其异同。

第一节 茶叶分类

 了解各茶类生产区域的分布和各茶类的主要产品

一、茶叶分类的依据

在茶叶的分类史上，有各式各样的分类依据。例如，依据烹茶方法的不同分为粗茶（烹之前先切细）、散茶（先炒后烹）、末茶（先烘后烹）、饼茶（碾碎后再烹），依据鲜叶老嫩不同分为芽茶和叶茶，依据采制季节不同分为春茶、夏茶和秋茶，依据加工工艺中某一工序的方法不同分为烘青、炒青、晒青和蒸青，依据鲜叶中某种化学成分在制造过程中是否氧化以及氧化程度不同分为不发酵茶、半发酵茶和全发酵茶，依据茶叶形状不同分为条形茶、扁形茶、卷形茶和针形茶等，依据销路不同分为内销茶、外销茶和边销茶等。分类方法林林总总，不尽一致。

随着科学技术突飞猛进的发展，茶叶加工技术和应用技术更加科学化、现代化、多样化，特别是近几十年新型茶品不断出现，茶的功能得到更加充分的发挥，如新型茶饮料、茶食品、茶保健品、茶日化品等。由此可以看出前面所罗列的各种分类方法已经不能适应现代茶叶的分类。"物以类聚"就是求大同存小异，求本质的一致性与形式的多样性，同时还应具有包容性，茶叶分类也应如此。其"大同""本质"就是指茶的品质特征以及使茶具有品质特征的加工工艺，其"包容性"就是指适用于所有的茶。因此，茶叶分类应抓住本质和主要矛盾，从"传统"（基本）和在加工两个方面进行分类才更符合科学的发展要求。

二、基本茶类

传统意义的茶是指利用茶树鲜叶经传统加工工艺制成并以传统饮用方式即冲泡或熬煮加以饮用的茶。应用最广的分类理论是我国已故著名茶学家、原安徽农业大学教授陈橼（1908—1999）提出的六大茶类分类方法，即以制茶方法为基础、结合茶叶品质特征为依据，将茶叶分为绿茶、黄茶、黑茶、白茶、青茶和红茶，将再加工茶（采用简单压制工艺，其品质未发生本质改变的）归入原料所属茶类。

1. 绿茶分类

绿茶是生产历史最久、产区最广（所有茶区都生产绿茶）、产量最大、花色品种最多、消费市场大而稳的一类茶。同时也是我国的传统出口茶，在世界绿茶市场上占据主导地位。其初制基本工艺为杀青、揉捻、干燥。其中"杀青"是形成绿茶外形、茶汤、叶底三绿品质特征的关键工序。

（1）锅炒杀青绿茶。锅炒杀青是我国绿茶生产中使用最广的传统杀青方式。在干燥

工序中，用锅炒或滚筒干燥的称炒青茶，用烘干机或烘笼干燥的称烘青茶，用日光干燥的称晒青茶，用烘炒相结合干燥的称半烘炒茶。下面简要介绍一下炒青茶、烘青茶和晒青茶。

1）炒青茶。炒青茶在全国各茶区都有生产，大多以中小叶茶树品种为主，浙江、安徽和江西等省的炒青茶以外销为主，四川炒青茶则以内销为主。炒青茶按形状不同可分为长炒青、圆炒青和扁炒青。其中以长炒青产区最广、产量最大。

①长炒青。长炒青是生产出口绿茶——眉茶的原料，以其外形成条、微曲、色灰似老人眉毛而得名。主销摩洛哥、阿尔及利亚、利比亚、多哥、几内亚、意大利、马来西亚、巴基斯坦等50多个国家和地区。根据鲜叶嫩度和毛茶品质不同设一至六级六个级别，成品则按规格分为珍眉、雨茶、秀眉、片茶等花色。各个花色再按品质优劣设特珍、特级、一级、二级，珍眉为一、二、三级和不列级。各主产区名录如下（括号内为毛茶精制后名称）：浙江有杭炒青（杭绿）、遂炒青（遂绿）和温炒青（温绿），安徽有屯炒青（屯绿）、舒炒青（舒绿）和芜炒青（芜绿），江西有婺炒青（婺绿）、赣炒青（赣绿）和饶炒青（饶绿），四川有川炒青（川绿），云南有滇炒青（滇绿），贵州有黔炒青（黔绿），湖南有湘炒青（湘绿），广东有粤炒青（粤绿），江苏有苏炒青（苏绿）。

②圆炒青。圆炒青因外形圆浑紧结，宛如珍珠而得名（又名珠茶），是我国传统出口绿茶的主要品种之一。主销摩洛哥、阿尔及利亚、法国、比利时、英国、荷兰、德国、西班牙等20多个国家。主产地为浙江，历史上浙江各地所产毛茶均集中在绍兴市平水镇加工发运，故又称"平水珠茶"。平水珠茶以其独特、美观的外形和优良的品质，在国际市场享有很高的声誉。

珠茶依据鲜叶嫩度和毛茶品质不同设一至七级七个级别。成品茶按形态特征分为珠茶、雨茶、碎茶和秀眉四个花色，其中珠茶又分特、一、二、三、四、五级和不列级七个级别，雨茶分一级和二级，碎茶分一级和二级，秀眉只设三级。根据国内市场的需要，其他产区也生产珠茶供应市场，如四川的平武"贡熙"和成都的"蟹目香珠"（用圆炒青窨制的茉莉花茶）以其美观的外形和经久耐泡的品质特征深受消费者喜爱。

③扁炒青。扁炒青因其外形扁平而得名。主要有龙井（龙井又因产地不同分为西湖龙井和浙江龙井。西湖龙井产自浙江杭州市西湖区所属行政区域，浙江龙井产自浙江省萧山、富阳、余杭、新昌、乘州以及西湖区以外龙井茶原产地域内等地）、竹叶青（产自四川省峨眉山市）、巴山雀舌（产自四川省万源市）、大方（产自安徽省歙县）、旗抢（产自浙江省杭州市市郊及富阳、余杭、萧山等地）等；自改革开放以来，全国各产茶省均在大力开发名优茶，扁形茶以其形状独特而占据一席之地，品名众多，分级各异，数不胜数。

2）烘青茶。烘青茶指采用烘干机或烘笼干燥的绿茶。全国各产茶省均有生产，原料以中小叶茶树品种鲜叶为主，根据鲜叶嫩度不同分为普通烘青和特种烘青。普通烘青主要用于加工花茶坯，少量以"素烘青"进入市场。普通烘青设一至六级六个级别，产品名称常在"烘青"前冠以地名。如川烘青、浙烘青、徽烘青、滇烘青等。毛茶经精制加工后也设一至六级六个级别，产品名称将"毛"字取消。如川烘、浙烘、徽烘、滇烘等。特种烘青茶指名优烘青茶，如峨眉毛峰（原产地四川雅安）、蒙顶甘露（四川名山)、安化松针(湖南安化)、雨花茶(江苏南京)、黄山毛峰(安徽黄山)等。特种烘青茶各地所设等级不同。

3)晒青茶。晒青茶是指绿茶初制中,采用日光干燥的绿茶。四川、云南、贵州、湖南、湖北、河南、陕西等省均有生产。晒青茶主要用做紧压茶原料,少量精制后作窨花茶坯或进入市场,因受市场影响,产区和产量均有减少。根据鲜叶嫩度和毛茶品质优劣设一至五级五个级别。

(2)蒸汽杀青绿茶(简称"蒸青绿茶")。在绿茶初制工艺中,采用蒸汽杀青的绿茶称为蒸青绿茶。蒸青绿茶的加工方法是制茶史上最早的茶叶加工方法,中国自明朝发明锅炒杀青后,大部分茶区以此方法取代了蒸汽杀青,只有湖北和台湾等小部分茶区一直使用蒸汽杀青。而学习中国茶叶加工技术较早、世界绿茶生产第二大国——日本至今在绿茶加工中仍然以蒸汽杀青为主,其产品的碾茶、玉露、煎茶、玉绿茶等均属蒸青绿茶。近几十年间,由于外销所需,四川、湖北、浙江、安徽、江西、福建等省相继生产了蒸青绿茶,主要品种有煎茶和玉露。

2. 黄茶分类

黄茶生产历史悠久,最早可追溯到公元1570年前后,历史上有名的贡茶——蒙顶黄芽(四川)、君山银针(湖南)等就属黄茶类。黄茶生产的初制工艺为:杀青、揉捻、闷黄、干燥。主产区有四川、湖南、安徽、湖北、广东等地。因产地不同,形成黄茶品质特征的关键工序为闷黄。其闷黄工序又分杀青后闷黄和干燥后闷黄。干燥前闷黄的称为湿坯闷黄,干燥后闷黄的称为干坯闷黄。黄茶以内销为主,根据鲜叶嫩度的不同,分为黄芽茶、黄小茶和黄大茶三种。

(1)黄芽茶。黄芽茶主要有产自四川名山县的蒙顶黄芽(鲜叶要求采一芽一叶初展)、湖南岳阳的君山银针(鲜叶要求全芽)和安徽霍山县的霍山黄芽(鲜叶要求采一芽一叶、一芽二叶初展)。

(2)黄小茶。黄小茶鲜叶要求采一芽二三叶,主要有产自湖南岳阳的北港毛尖和湖北安远的安远鹿苑。

(3)黄大茶。黄大茶有安徽霍山的黄大茶(鲜叶要求采一芽四五叶)和广东大叶青(鲜叶要求采一芽三四叶,主产地为韶关、肇庆、湛江等)。

3. 黑茶分类

黑茶生产历史悠久,最早可追溯到唐代,是我国边疆各少数民族同胞的生活必需品。黑茶主产区有四川、云南、湖南、湖北、广西等地。尽管产地不同其加工工艺有所区别,但加工过程中形成黑茶品质特征的关键工序"渥堆"是相似的。

(1)四川黑茶。四川黑茶因销路不同分南路边茶(简称南边茶)和西路边茶(简称西边茶)。南边茶产于四川雅安市,以原料和成品品质不同分为康砖和金尖两个品种,主销西藏、青海和四川甘孜藏族自治州;西边茶主产于阿坝藏族自治州和四川平武县,以原料不同分为茯砖和方包两个品种,主销四川阿坝藏族自治州、青海、甘肃等地。

(2)云南黑茶。云南黑茶又称为普洱茶,主要产地有勐海、大理、昆明、景东等。花色品种有砖茶(紧茶)、饼茶、圆茶、普洱散茶、普洱沱茶等。内、外、边销均有。

(3)湖南黑茶。主产地有安化、益阳、临湘等。主要产品有湘尖(按原料嫩度不同

又分湘尖1号、湘尖2号、湘尖3号,过去又称天尖、贡尖、生尖),花砖、茯砖、黑砖。湖南黑茶素有这"三尖""三砖"之称。主销新疆、青海、甘肃、内蒙古,少量外销。

(4) 湖北黑茶。湖北黑茶主要指老青茶及以老青茶为原料加工而成的青砖茶,主产地有湖北蒲圻、咸宁、通山、崇阳等地。

(5) 广西黑茶。广西黑茶主要是六堡散茶和篓装六堡茶,有200多年生产历史。主要产地有苍梧、岭溪、贺州、横县等。内销市场主要有广西、广东及港澳地区,外销市场主要有马来西亚、新加坡、印尼等东南亚国家。

4. 白茶分类

白茶是福建省特种茶之一,主产于福鼎、政和、松溪和建阳等地。白茶初制工艺为萎凋、干燥。主要产品有白毫银针、白牡丹、贡眉和寿眉等。主销港澳地区和新加坡、马来西亚、法国、瑞士、荷兰等国家。

5. 青茶(乌龙茶)分类

青茶是六大茶类之一,属半发酵茶,其初制基本工艺为萎凋、做青、炒青、揉捻、干燥。做青是形成青茶品质特征的关键工序。主产地有福建、广东和台湾,依据产地不同分为闽北乌龙茶、闽南乌龙茶、广东乌龙茶和台湾乌龙茶。

(1) 闽北乌龙茶。闽北乌龙茶分为武夷岩茶和闽北乌龙茶。

1) 武夷岩茶。武夷岩茶主产于福建省武夷山市武夷山区。产品有大红袍、名枞、武夷肉桂、水仙、奇种。

2) 闽北乌龙茶。闽北乌龙茶主产于福建省武夷山市除武夷山区之外的建瓯、建阳、水吉等地。主要产品有闽北水仙、闽北乌龙、白毛猴等。

(2) 闽南乌龙茶。闽南乌龙茶的主要产品有安溪铁观音(因精制过程中所用"火功"不同又分清香型铁观音和浓香型铁观音)、安溪色种、永春佛手、闽南水仙、福建单枞等。

(3) 广东乌龙茶。广东乌龙茶主产于潮安、饶平、汕头等地。主要产品有凤凰水仙(包括凤凰单枞、凤凰浪菜等)和梅占。

(4) 台湾乌龙茶。主产地为台北、桃园、新竹、宜兰等地。主要产品有文山包种、冻顶乌龙、台湾高山茶、木栅铁观音、白毫乌龙(又名彭凤茶、香槟乌龙、东方美人等)等。

6. 红茶分类

红茶是我国传统出口茶类之一,产区广,品种多,质量优,深受国际市场好评。其初制工艺为萎凋、揉捻(或揉切)、发酵、干燥。发酵是形成红茶品质特征——红汤红叶的关键工序。按加工方法不同分为小种红茶、功夫红茶、红碎茶。

(1) 小种红茶。小种红茶是福建省的传统出口茶之一。因产地不同有正山小种和外山小种之分。正山小种产自福建省武夷山市星村镇桐木关村一带,又称"桐木关小种"或"星村小种",附近的政和、坦洋、古田及江西的铅山等地所产小种红茶统称外山小种。

(2) 功夫红茶。功夫红茶是中国特有的传统出口红茶之一。茶区广、质量上乘,尤其是祁红、滇红、闽红以其香高、色艳、味浓的品质特点在国际市场上享有很高声誉。主要产区有四川（川红）、云南（滇红）、安徽（祁红）、湖北（宜红）、江西（宁红）、广东（粤红）、福建（闽红）、浙江（越红或浙红）、湖南（湖红）等地。功夫红茶以出口为主，根据品质优劣设特、一至五级六个级别。

（3）红碎茶。红碎茶又名切细红茶，是以外销为主的茶叶产品。以产地及茶树品种不同设四套样。各产茶省因茶树品种不同制出的产品质量有所差异，所执行的标准样也不同。云南属大叶种茶区，使用第一套样；广东、广西和海南属引种大叶种茶区，执行第二套样；执行第三套样的中小叶种茶区有四川、贵州、湖北、湖南等部分茶区，江苏等小叶种茶区执行第四套样。各套样按成品规格分为叶茶、碎茶、片茶和末茶，各类型再分为不同的花色档次。

三、再加工茶类

再加工茶包括花茶和紧压茶。这类茶均是以绿茶为原料，利用鲜花窨制而成或采用特殊方法加以压制而成。

1. 花茶

花茶又称熏花茶、香花茶，为我国独特的茶叶品种，是以经精制加工的茶叶，配以芬芳或馥郁甜香的鲜花，通过特殊的窨制技术加工而成，茶引花香、花促茶香、增益香味、相得益彰、两美兼备、别具风韵等都是对花茶的赞美。花茶根据使用的鲜花不同分为茉莉花茶、珠兰花茶、白兰花茶、玫瑰花茶、桂花茶、柚子花茶等。其中最常见的是茉莉花茶。茉莉花茶茶区最广，几乎各产茶省都有生产。内销市场广阔，北方市场以花茶为主；南方各产茶区，花茶在市场上也占据不小的份额。对外销往日本、美国、法国、意大利等国。

2. 紧压茶

绿茶类的紧压茶主要有沱茶、方茶（普洱方茶）和小饼茶。沱茶主产于云南、重庆两地，原料以两地的晒青毛茶为主；方茶和小饼茶均产自云南。

3. 新型茶饮料

社会的进步和科学的发展，使人们生活节奏加快，人们对生活质量的要求也不断提高。随着茶学研究的不断深入，人们对茶有了更深的认识，茶的综合利用更加广泛，新型茶品层出不穷（新型茶品属茶制品科技新型的再加工）。

国家质检总局和国家标准化技术委员会于2008年联合发布的《饮料通则》（GB 10789—2007）中规定，茶饮料类是以茶叶的水提取液或其浓缩液、茶粉等为原料，经加工制成的饮料，茶饮料（茶汤）中的茶多酚含量须大于或等于300 mg/kg。新型茶饮料在我国始于20世纪70年代末80年代初，包括速溶茶、茶汽水、茶水罐头等。其特点是饮用方便、快捷，很受消费者（特别是青年消费者）欢迎。

（1）速溶茶品种。如速溶红茶、速溶绿茶、速溶乌龙茶、速溶普洱茶及相应的浓缩汁（未经干燥）等。

（2）茶汽水品种。如柠檬茶汽水、绿茶汽水、花茶汽水、薄荷汽水、红茶汽水、菠萝汽水、荔枝汽水等。

(3) 茶水罐头品种。如茉莉花茶、乌龙茶、荔枝红茶等。

4. 茶食品

当今社会人们对"吃"有了新的要求,即"吃健康""吃精神""吃心情"。在全民"吃"健康的新形势下,茶食品的研究和开发也取得可喜的成绩,食用茶糕点、茶糖果、茶菜肴等多种茶食品已成为一种消费时尚。

(1) 茶糕点。如茶饼干、茶蛋糕、茶面包、茶面条等。

(2) 茶糖果。如茶巧克力、茶奶糖、茶饴糖等。

(3) 茶菜肴。如樟茶鸭、龙井虾仁、凉拌茶玉米、祁红腰果炒鸡丁、乌龙茶香素鸡、绿茶蒸鲫鱼等。

(4) 茶保健品。茶保健品的开发不仅满足了人们原有的饮茶解渴的生理机能需求,而且满足了人们饮茶改善健康的生理调节功能需求。随着人们生活水平的提高和保健意识的增强,保健茶已经受到越来越多的消费者欢迎。主要产品有清音茶、减肥茶、通便茶、降糖茶、防龋茶、降脂茶等,还有多糖抗辐射制剂和儿茶酚口服液等。

5. 茶日化品

如今,茶叶应用技术不断发展,越来越多的茶日化品进入人们的日常生活,如茶牙膏、茶香皂、茶洗发水、茶除臭剂、茶保鲜剂、茶色素(作食品添加剂)、茶抗氧化剂等。

第二节 茶园建设与管理

→ 熟悉适宜茶树生长的环境要求
→ 熟悉茶树品种的类型
→ 掌握茶树品种适制茶类的要求
→ 了解茶园管理过程
→ 掌握茶园用药对茶叶质量的安全性

一、适宜茶树生长的环境

1. 气候条件

(1) 温度。温度是决定茶树能否生长、生长期长短的主要因素,一般在年平均气温14~27℃范围,茶树都能生长,但最适宜茶树生长的平均气温却在14~20℃范围内。一般中小叶种适宜均温为14~16℃,大叶种适宜均温为16~20℃,活动积温为4 000~7 000℃,但以6 000℃左右最为适宜。当日平均气温高于10℃时,茶树体内开始活动,15℃开始生长,15~25℃适宜茶树生长,17~25℃生长最旺,茶籽萌发的最适宜温度是25~28℃。茶树能忍耐的极端温度,小叶种茶树能耐−18~−13℃低温;大叶种茶树却在−3.5℃开始受冻,−5.4℃时冻害严重,叶片枯焦,枝干皮层炸裂,−7.4℃时,地上部冻死。茶树可耐40℃高温,但若高温持续时间过长,会影响生长。

(2) 水分。茶树生长所需水分主要指雨量、湿度。水分不仅为茶树生长的控制因素，而且是形成茶叶品质的重要因素。

茶树要求的年降水量必须在 1 000 mm 以上，而最适宜茶树栽培地区的年降水量为 1 500 mm 左右，空气相对湿度 70%～90%，茶树生长期间的月降水量应大于 100 mm，土壤含水量以相当于最大持水量的 70% 为宜。土壤水分饱和度在 90% 以上时，持续时间若长，就会发生湿害，产生烂根或根系发育不良。因此，应注意茶园排水，在平地和地下水位高的茶园，应开深沟降低水位，沟深至少应为 80 cm。

（3）光照。采收的茶叶主要是光合作用的产物，要获得高产，首先要提高茶树的光合效率，如实行密植增加叶面覆盖程度，少让太阳光跑掉，选用高光效品种，使光穿透整个叶层，使之达到分层利用。光是茶树绿色部分进行光合作用的能源，茶树原产于温暖湿润气候的森林之中，喜欢漫射光和散射光，漫射光富含波长短的蓝紫光，茶树忌阳光直射。因此，在南方茶区，应在茶园内设置遮阳树，使透光率保持在 60%～70%，可起到改变光质、提高光合效率的作用。

（4）空气。空气的组成很复杂，干空气中，大体有 20% 的氧气，0.03% 的二氧化碳，它们都与茶树生长有关。氧气是茶树呼吸作用所必需的，二氧化碳是光合作用的原料。空气的流动形成风，因风的来源不同而性质各异，如从印度洋、北部湾吹来的风，带有大量水分和热量；冬季从北方来的风，比较寒冷干燥。茶树生长需要宁静的空气，因为若经常吹大风，会使枝叶摩擦，芽叶变得粗糙，降低茶叶的品质。风速大了，还会把土壤中散发出来的二氧化碳吹走，降低茶树光合作用所需二氧化碳的浓度，同时又把土壤水分吹走，从而导致干旱。在干旱寒冷的地区，更应选择背风坡地种茶，避免冷风、干燥风直接袭击。

2. 地形条件

地形影响着温、湿、风、光和水、肥、气、热等条件，是茶树生长的重要因素。地形包括海拔、地势、坡向等。不同的地形会有不同的产量和不同的品质。同一纬度，海拔升高，热量就进行了再分配。海拔高一些，造成多雾，漫射光增多，有利于茶树光合作用。高海拔地区，晚上气候凉爽，减少茶树呼吸消耗，在空气湿度大的时候，形成云雾，可提高茶树持嫩性。

不同的地形，气流不一样，小气候环境也不同。低谷地水分较好，土壤肥力较高。冬季较冷的地区，低谷地容易降霜，在纬度较高的地区，高山上温度较低，但在纬度较低的盆地，山上热量可能高于低地，因为山上冷气下沉，山下降雾较多，光照较短。暴雨多的地区，高坡地水土流失严重，十分低湿的盆地，都不是良好的宜茶地形。坡向选择，主要是避干、冷，选朝阳的较好。总之，盆地边缘、坡脚，开放的低丘、宽阔的朝阳一面缓坡、谷岸、河岸阶地等，土、肥、水、气、热条件优越，是最好的宜茶地形，25℃以上的高山顶、封闭的小盆地、大风口都不是宜茶地形。

3. 土壤条件

茶园土壤是指能够生长茶树的地面表层，它能提供茶树生长所必需的矿物质元素和水分，与茶树之间有频繁的物质交换，因此土壤是一个重要的生态因素。茶树对土壤的要求为：

（1）土壤酸性。因为茶树根的细胞液中含磷酸盐少，根液的缓冲力在 pH 值 5.7 以上就没有了，因此，土壤 pH 值以 4～6 为宜，4.5～5.5 最好。凡生长映山红、松、杉、杨梅、水（旱）冬瓜树、油茶、蕨类植物的地方，都可以种茶。

（2）土层厚度。茶树是深根植物，土层厚度至少应在 1 m 以上，活土层不低于 50 cm。

（3）土壤有机质。茶树要求富含有机质的土壤，在耕层，有机质越多越好。热量少的北部茶区应在 3‰～4.5‰，热量丰富的南部茶区，不应少于 2‰～3‰。

（4）土壤潜水位。土壤潜水位至少低于地面 1 m。

（5）石灰质。茶树喜酸忌钙，当土壤中有 0.2% 的石灰质时，有碍茶树生长。

（6）茶叶品质与土壤种类的关系。茶经说，上者生烂石，下者生黄土，说明矿物质营养丰富、有机质含量高的肥沃土壤生产的茶叶香气、滋味均较佳。一般重黏黄土、死黄泥、胶泥中有机质、矿物元素都很少，瘠薄的土壤生产的茶叶香气低沉，味涩而淡，品质较差。紫色土在种茶前要分层测定 pH 值，pH 值在 6.0 以上的不要种茶。

4. 茶园灌溉条件

茶树是旱地植物，对干旱具有一定的抗性，但是，我国茶区雨量分布不匀，有的茶区接近半年的旱季，对春茶影响较大。因此，在选择茶地时，除应注意灌水条件较好的地方外，还应选择具有流灌或提水喷灌的地方。这样，就更容易获得丰产，创造更高的经济效益。

二、茶树品种类别

品种是农业生产的"源头"，在相同环境和栽培措施下，品种决定作物的品质经济价值。我国是茶树的原产地，其种质资源的多样性举世瞩目。我国茶树经过世世代代的繁衍和广泛的传播，经受着多种多样的生态条件和生产条件的长期影响，加上人工驯化和选择的作用，形成了十分丰富的品种资源。

目前我国茶树品种、品系有 650 多个。近年来，经全国各有关单位选育出的茶树新品种、品系，据不完全统计，有 100 多个。随着生产的发展、茶类的创新以及人们的辛勤培育，茶树品种将更加层出不穷。

1. 茶树品种的分类

根据我国茶树品种主要性状和特性的研究，并照顾到现行品种分类的习惯，将茶树品种按树型、叶片大小和发芽迟早三个性状，分为三个分类等级，作为茶树品种分类系统。三级分类标准如下：

第一级分类系统称为"型"。分类性状为树型，主要以自然生长情况下植株的高度和分枝习性而定，分为乔木型、小乔木型、灌木型。

（1）乔木型。此类是较原始的茶树类型。分布于与茶树原产地自然条件较接近的自然区域，即我国热带或亚热带地区。植株高大，从植株基部到上部，均有明显的主干，呈总状分枝，分枝部位高（见图 1—1），枝叶稀疏。叶片大，叶片长度的变异范围为 10～26 cm，多数品种叶长在 14 cm 以上。叶片栅栏组织概为一层。

（2）小乔木型。此类属进化类型。抗逆性较乔木类强，分布于亚热带或热带茶区。植株较高大，从植株基部至中部主干明显，植株上部主干则不明显（见图 1—2）。分枝

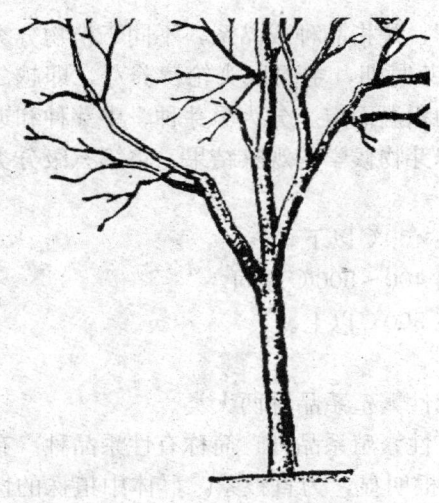

图1—1 乔木型茶树

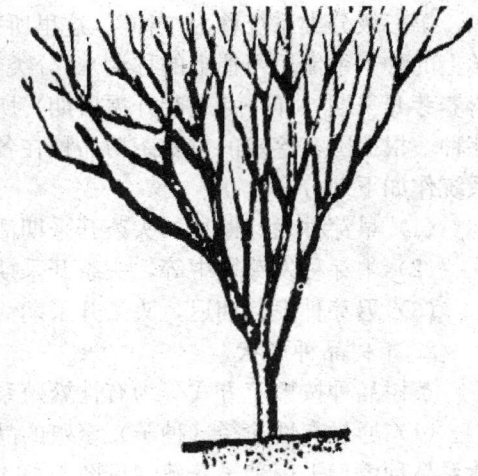

图1—2 小乔木型茶树

较稀,大多数品种叶片长度在10~14 cm之间,叶片栅栏组织多为两层。

(3) 灌木型。此类也属进化类型。包括的品种最多,主要分布于亚热带茶区,我国大多数茶区均有分布。植株低矮,无明显主干,从植株基部分枝,分枝密(见图1—3),叶片较小,叶片长度变异范围大。为2.2~14 cm之间,大多数品种叶片长度在10 cm以下。叶片栅栏组织为2~3层。

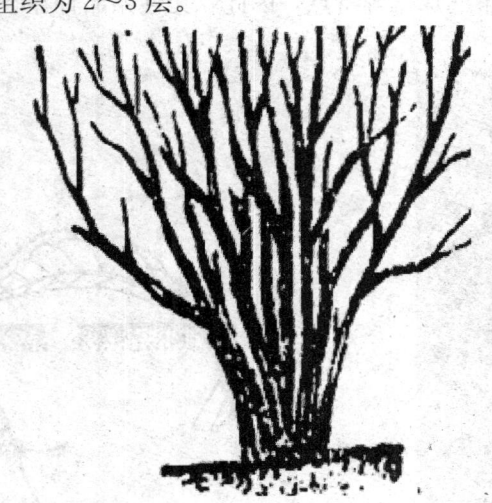

图1—3 灌木型茶树

第二级分类系统称为"类"。分类性状为叶片大小,主要以成熟叶片长度,并兼顾其宽度而定。分为特大叶类、大叶类、中叶类和小叶类。

(1) 特大叶类叶长在14 cm以上,叶宽5 cm以上。

(2) 大叶类叶长10~14 cm,叶宽4~5 cm。

(3) 中叶类叶长7~10 cm,叶宽3~4 cm。

(4) 小叶类叶长7 cm以下,叶宽3 cm以下。

第一部分 基础知识

第三级分类系统称为"种"（这里所指的"种"，是指品种或品系，不同于植物分类学上的种，系借用习惯上的称谓）。分类性状为发芽时期，主要以头轮营养芽，即越冬营养芽开采期（即一芽三叶开展盛期）所需的活动积温而定。分为早芽种、中芽种和迟芽种。根据国家鉴定的主要茶树品种在各地对营养芽物候学的观察结果，将第三级分类系统作如下划分：

(1) 早芽种发芽期早，头茶开采期活动积温在400℃以下。
(2) 中芽种发芽期中等，头茶开采期活动积温400~500℃之间。
(3) 迟芽种发芽期迟，头茶开采期活动积温在500℃以上。

2. 茶树品种形状

茶树品种按繁殖方式分为有性繁殖系品种和无性繁殖系品种两大类。

(1) 通过有性途径（种子）繁殖的品种称为有性繁殖系品种，简称有性系品种。有性系品种由于采用种子繁殖（见图1—4），幼苗主根明显，为直根系，群体中植株的性状较混杂，参差不齐。

(2) 通过无性途径（如扦插等）繁殖的品种称无性繁殖系品种，简称无性系品种。无性系品种一般采用短穗扦插繁殖，群体中各植株的性状整齐一致，短穗扦插的幼苗无主根，为须根系，根颈部有短穗遗痕（见图1—5），比较容易鉴别。无性系品种的优良性状能够世代相传，具有产量高、品质优、芽叶持嫩性强、发芽整齐、芽叶的形态大小及内在品质一致、便于采摘加工等特点，因此，无性系品种在茶叶生产中得到广泛推广应用。

图1—4 有性繁殖

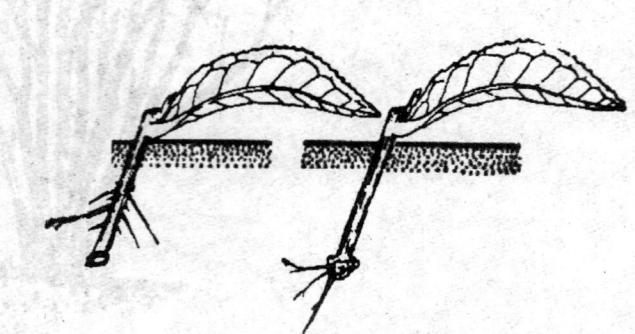

图1—5 无性繁殖

3. 茶树品种的茶类适制性

茶类适制性是指品种固有的、制约着茶叶品质的种性，也就是指茶树品种最适宜制作哪一类或几类优质茶的特性。

茶树品种的茶类适制性，可以通过芽叶的物理特性观察和化学特性测定进行间接评估，这在茶树品种选育的早期尤为常见。

(1) 物理特性。物理特性是指茶树新梢上芽叶的肥瘦、大小、叶色、叶质、叶片薄厚、柔软程度、嫩度、茸毛等的特征和状态，这些都与成品茶的外形品质息息相关。一般叶片小、叶张厚、叶质柔软、细嫩、色泽显绿、茸毛多的品种，制显毫类的绿茶，如毛峰、毛尖、银芽等名茶，易塑造出外形"白毫满披、银装素裹"的品质特色；芽叶纤细、叶色黄绿或浅绿、茸毛少或中偏少的品种，制少毫型的龙井类扁形绿茶，如龙井等名茶，易形成外形扁平光滑、挺秀尖削、色泽翠绿、体表无毛的品质风格；而叶片大、节间长、芽头肥壮、芽叶黄绿色、茸毛多、叶面隆起、叶质软、叶张薄的品种，制红茶品质较好。

（2）化学特性。化学特性是指芽叶中化学成分的含量和组成，它是形成茶叶色香味的物质基础。茶树品种的化学特性受种植地区环境及栽培条件的影响较大，但同等条件下不同品种间的化学特性差异仍很明显。一般茶多酚含量高，且茶多酚与氨基酸的比值（简称酚氨比）大的品种，制红茶品质优；而氨基酸含量高，茶多酚含量适中，且酚氨比小的品种，制绿茶品质优。在生产中，茶树品种的适制性一般通过同一品种的鲜叶制作不同类别的茶叶，进行感官审评直接鉴定。感官审评鉴定品质时，采取评分与评语相结合的方法，先准确称取 3 g 茶样倒入审评杯内，再冲入约 150 mL 沸水，浸泡 5 min 开始审评。按照五因子审评法，茶叶的品质分别按外形、汤色、香气、滋味、叶底逐项以百分制评分，并以相应的评语描述，最后再按外形、汤色、香气、滋味及叶底的品质权数计算总分，其中名优绿茶按外形 30%、汤色 10%、香气 25%、滋味 25%、叶底 10% 的品质权数计算总分。分数的高低便能直接反映出品种品质的优劣，即一个品种对某一茶类适制性的大小，而相应的评语则可以描绘出不同品种的制茶品质特点。由于不同茶类的品质要求不一样，而每一品种固有的适制性又制约着茶叶的品质，加之不同品种间的适制性差异较大，适制绿茶的品种不一定适制红茶，适制显毫类绿茶的品种不适宜制作少毫型的扁形绿茶。因此，茶树品种的适制性应作为生产上用种重点考虑的指标之一，只有选择适制性对路的茶树品种，才能生产出相应优质的茶类产品。

三、茶园管理

生产茶园的管理，基本上可分为土壤管理与树冠管理两个方面。土壤管理主要包括耕作、除草、施肥、灌溉等，树冠管理则主要包括修剪、采摘、病虫防治等。

1. 种植技术及要求

茶园建设中茶树种植与茶树种苗是最基本的条件，是茶叶品质、产量形成的基础。无性繁殖种苗是保持良种特性的有效手段，现在发展茶园一般都选用无性繁殖种苗，只有在局部偏远或贫困的地区和常出现干旱的地区仍采取茶籽育苗的办法。种植质量的好坏，关系到成园的快慢及今后能否优质、高产。各地在发展茶园时最好以国家级、省级已鉴定的良种茶树作为种苗的选择对象。在茶树种植时必须做好以下几个环节的工作。

（1）选用良种。选用发芽早、产量高、品质好、适制性广的无性系茶树良种为主，同时必须做好品种布局工作。品种合理布局，一是有利于合理调剂采摘与加工，不至于因单一品种旺季集中而来不及采摘、加工；二是可相对减少霜冻的危害。因春季茶叶采摘初期，茶区常有低温天气出现，茶树芽叶易遭受晚霜冻危害，品种合理搭配，错开了开采期，受霜冻危害只是一两个品种，不至于遭受全军覆灭的损失。品种布局应按照相对集中、突出重点的原则，选好当家品种和搭配品种。通常当家品种应占70%以上，以早、中生品种为主；搭配品种占30%左右。良种茶园每个品种均应做到集中连片种植。

(2) 合理密植。通常单条植的种植规格为行距1.5 m，丛距30 cm左右，每丛茶苗2株，每亩苗数3 000株左右。双条植的种植规格为大行距1.5 m，小行距40 cm，丛距30 cm，每亩茶苗6 000株左右。为促进提早成园，可采用单条密植方法种植。即行距为1 m，丛距25 cm。这种栽培方法，在较好的管理条件下，3足龄可正式投产，也能达到高产优质的目的。

(3) 整地与施基肥。园地经开垦整理形成茶行后，按茶行开种植沟，深50 cm，宽60 cm。如果是荒地，要把操作行的面土回填沟内，以提高沟内的土壤肥力。若在熟地上栽植，要进行底土与表土的交换，即将表土埋入底层，底土留在表面，以防根结线虫病与杂草危害。在种植沟内施足底肥，每亩施饼肥150～200 kg，磷肥50～100 kg，与土拌匀，覆上15～20 cm的土层，间隔一段时间后再种植。

(4) 茶苗移栽。茶苗移栽的最适时期是在秋末冬初的10月中下旬至11月上旬与早春的2月下旬至3月上中旬。这段时期，选择空气湿润、土壤含水率较高的阴天或雨后初晴的天气移栽效果最好。避免在刮西北大风的晴燥天气和下雨天移栽。

移栽时，要注意选用植株大小适中、根系良好、生长健壮的茶苗。一般中小叶种要求苗高达30 cm上下，基茎粗0.5 cm左右。为了提高移栽茶苗成活率，一是茶苗要带土移栽，茶苗根系多带土。在起苗前1～2天浇灌一次透水，使苗床土壤湿润，以减少起苗时根系损伤。出圃茶苗要及时栽种，最好做到随起随栽，避免风吹日晒。出圃茶苗如果不能马上定植，则应进行假植。茶苗如需长途运输，应采取保护措施，可用黄泥浆水蘸根，再用湿草包扎根部保湿，运输途中还要注意覆盖，防止茶苗过度失水。二是掌握好茶苗移栽技术要领。在茶苗定植时，根据规划确定种植规格，按规定的行株距开好种植沟和种植穴。最好是做到现开现栽，保持沟（穴）内土壤湿润。因扦插苗无主根，根系分布浅，定植时要适当深栽，一般栽到超过原土痕处（泥门）3～5 cm。栽植时，要一手扶茶苗，一手将土填入沟（穴）中，将土覆至不露须根时，再用手将茶苗向上轻轻一提，使茶苗根系自然舒展，与土壤密接。然后再适当加点细土压紧揿实，随即浇足定根水，再在茶苗基部覆盖些松土，使植后雨水便于渗入根部。三是移栽定植后要及时铺草覆盖，防旱保苗。覆盖的材料，可用干茅草、稻草、麦秆等。每亩覆盖的干草用量为1 000～1 500 kg。干草应铺在茶苗基部行间的地面上，作用是保墒保苗，防止土壤冲刷和板结，调节土壤温湿度，促进茶苗根系生长。这是一项提高茶苗移栽成活率的重要栽培技术措施。除了喷灌和灌溉外，铺草比其他许多抗旱措施更为有效。

(5) 苗期管理。苗期管理是指对一二年生茶园的管理，其中心工作是保证全苗、壮苗，主要内容有浇水抗旱、遮阴防晒、清除杂草、补苗、浅耕施肥等。

1) 浇水抗旱。茶树苗期既怕干，又怕晒，特别是移栽茶苗根系损伤大，移栽后必须及时浇水，以后每隔3～5天浇一次水，直至成活为止。在有些茶区，每年7—8月是"伏旱"季节，最易使茶苗受害，这时若遇久晴干旱天气，应做好浅耕保水和灌溉抗旱，比较有效的方法是在行间铺草，栽种以后立即铺草效果最好，但在夏季来临前必须加铺一次,一般每亩铺干草1 000 kg或鲜草2 500 kg。铺草前必须进行除草施肥,草铺在茶行两边,特别是小行间一定要铺上。有条件的可施一些发酵过的稀薄人粪尿,以提高苗期的抗旱能力。

2)遮阴防晒。茶树是喜湿耐阴作物,在幼苗期由于茶园防护林、行道树和遮阴树未长成,生态条件差,相对湿度小,夏天阳光强烈,会灼伤茶树叶子,严重的会使整株茶苗晒死。在移栽的头一两年夏季必须遮阴,遮阴材料就地取材,可用松毛枝、麦秆,一般斜插在茶苗西南方向,高温干旱季节过后,及时清除遮阴物。

3)清除杂草。茶树苗期土地裸露面积大,种植行间常有杂草生长,与茶苗争夺肥水,影响幼龄茶苗生长。应做到见草就除。如一时错过季节,部分杂草较大,也要尽量在不伤苗的情况下拔除杂草。栽种当年,种植行内严禁松土,以免伤根。可适时喷施对茶苗安全的除草剂。

4)补苗。新建良种茶园,一般均有不同程度的缺株,必须在建园后1~2年内将缺苗补齐。最好采用同龄的茶苗补。补苗要注意质量,沟开30 cm深,施底肥,选择生长一致的茶苗,每穴补植2株。补植后要浇透水,在干旱季节还要注意保苗。同龄苗来源,一是在建设新茶园时,事先有计划地在附近的土地上种植一部分同品种、同年龄的预备茶苗供今后缺株补植时用。二是采用同龄苗归并带土移植补缺法,即当遇到缺株、断行较多而预备茶苗不足时,将同品种和树龄的茶苗依次移掉几行,通过带土移栽的方法归并到缺丛断行的茶园中去,然后在空地上栽上新茶苗。

5)浅耕施肥。新建茶园行间空隙大,易滋生杂草,妨碍茶树生长,必须经常浅耕除草。茶丛周围的杂草要用手拔,以免伤根。从栽后第一年的4月下旬开始,年施追肥2~3次。第一次在距茶苗13~15 cm远的地方,挖7~10 cm深的穴,浇上半瓢清粪水(50 L水兑三四瓢猪粪尿或250~300 g碳铵),随即覆盖。以后每次每亩可施尿素2.5 kg。

(6)定型修剪

第一次定型修剪:当茶苗75%~80%长到30 cm以上时,即可进行第一次定型修剪,修剪高度以离地面15~20 cm为宜,用整枝剪逐株依次修剪,只剪主枝,不剪侧枝;剪时尽量保留外侧的腋芽,使发出的新枝向四周伸展。剪口要光滑,切忌剪裂。

第二次定型修剪:一般在上次修剪后一年进行。修剪高度可在上次剪口上提高15~20 cm(即离地面30~40 cm为宜)。如果茶苗生长旺盛,只要苗高达到修剪标准,即可提前进行。用水平剪按修剪高度剪平,然后用整枝剪修去过长的枝条。

第三次定型修剪:一般在第二次定型修剪一年后进行,修剪高度在上次剪口上提高10~15 cm(离地40~50 cm),用水平剪将蓬面剪平即可。

幼年茶树经三次定型修剪后,若生长良好,可打顶轻采(留下三四片叶)。待茶树高度达60 cm以上,树幅达80 cm左右,树冠基本定型后,可适当留叶采摘。到树高70 cm以上,树幅120 cm时,即进入旺采期。

2. 耕作与除草

合理的耕作、除草,可以改善土壤的物理结构和水、气状况,减少茶园养分和水分的消耗,有利于茶树根系对水分和养分的吸收。适时耕作、及时铲除茶园杂草,还能减轻茶园病虫害发生。由此可见,耕作、除草的作用十分重要。

(1) 耕作。茶园耕作又可分为浅耕、深耕两种。

1) 浅耕。浅耕一般在生产季节进行,深度一般为 3~6 cm,以免大量损伤茶树吸收根。无公害茶园要以浅耕为主,主要是破除表土板结,改善土壤通气状况与清除杂草。

浅耕时期及次数,应根据当地茶园的土壤状况、土壤保水蓄水能力、杂草生长情况及茶树年龄的不同而灵活掌握。土壤板结,保水蓄水能力差,杂草丛生,茶树处在幼苗期的,浅耕次数应相对增多;反之,可减少浅耕次数。一般生产茶园每年浅耕三次是必不可少的,即分别在春茶前、春茶后和夏茶后各浅耕一次。

春茶前浅耕,一般在 2 月进行。茶园经过冬季几个月的雨雪,土壤已较板结。此时土温较低,通过浅耕,可以疏松土壤,表土易于干燥,使土温升高,有利于春茶提早萌发。

春茶后浅耕,在春茶结束后进行,时间约在 5 月下旬至 6 月上旬。此时气温较高,降雨量较多,茶园土壤经春茶采摘已被踩得板结,雨水不易渗透,同时也是夏季杂草开始萌发、生长的时期。此时浅耕可提高土壤保水蓄水能力,减少夏季杂草滋生。

夏茶后浅耕应在夏茶结束后立即进行,时间约在 7 月中旬。此时天气炎热,处于高温干旱期,土壤水分蒸发量大,又是夏季杂草的旺盛生长期。及时浅耕可铲除杂草,减少土壤养分和水分消耗;同时可切断毛细管,降低土壤水分蒸发量。幼龄茶园丛间宜浅耕,深度 3~4 cm,茶行间耕深为 10 cm 左右。

浅耕方法可用人工作业,也可用机械作业。人工作业即用锄头耕锄。机械作业即采用小型茶园耕作机,可提高工效 8~10 倍。

2) 深耕。深耕一般在秋季茶园停采后,根系活动旺盛时,并结合施基肥进行。深度一般在 20~30 cm。

深耕可以改善土壤的物理性状,提高土壤肥力。但深耕时易大量损伤茶树根系,不同程度地影响茶树生长,甚至会造成茶叶产量下降。因此,深耕必须配合施基肥。行间空隙较大的茶园有必要深耕。密植茶园,树冠郁闭,落叶层厚,土壤松软,杂草稀少,大多不宜深耕,但可以在结合树冠改造时进行。

深耕一般在茶季结束后的 9—10 月间进行,这样有利于茶树根系迅速恢复生长。如在 10 月后深耕,则对茶树根系的恢复生长极为不利。

深耕方法同样有人工深翻和机械深耕两种。人工深翻即用锄头等工具进行深翻,行中间可略深,树冠下应略浅,以免过多地损伤根系。机械深耕即用茶园作业机进行耕作,可节约工时,提高工作效率。

(2) 除草。及时清除杂草,减少茶园土壤养分和水分的消耗,是实现茶叶优质、高产的一项重要措施。茶园杂草可按季节分为春草、夏草、秋草,茶园中的许多恶性杂草大多生长于夏季。清除茶园杂草可与茶园的浅耕和深耕结合进行,但在杂草旺盛生长季节应单独进行人工除草或喷施草甘膦(农达)、克芜踪等除草剂除草。

3. 施肥管理

茶树以嫩叶、嫩梢为采收对象,一年中多次采收,养分消耗大,为了保证茶树新梢不断地旺盛生长,需要源源不断地供应养分。而施肥就成为增加产量、提高品质的关键措施。

(1) 施肥原则。每种作物都有各自的需肥规律，茶树也不例外。根据茶树对营养物质需求的特点，在茶园管理工作中，应掌握以下施肥原则。

1) 重有机肥，有机肥与无机肥相结合。有机肥肥效长，分解慢，养分不易流失。可为茶树提供全面营养；促进微生物繁殖，丰富土壤中的养分；有效地改善茶园土壤的水、肥、气、热状况，有利于耕作及茶树根系的生长发育；增强土壤的保肥供肥能力，提高茶树抗旱耐涝能力；有着无机肥不可代替的作用。无机肥肥效快速，针对性强，在生产季节与茶园存在缺素症状的情况下，能及时补充营养，保证茶树生长发育的需要。

2) 重基肥，基肥与追肥相结合。基肥是指秋、冬季茶芽生育处于休止期前后施用的肥料。其作用是提供足够的能缓慢分解的营养物质，为茶树冬季根系活动和下一年春茶萌发提供营养物质。同时，还可起到改良茶园土壤的作用。基肥是促进茶树生长发育，获取优质高产特别是获得高质量鲜叶原料的重要保证。因此无论是幼龄茶园，还是成龄茶园，都要重视基肥的施用。在此基础上，于生产季节根据实际情况配施速效化肥，才能在年周期内满足茶树对养分的需求。

3) 重春肥，春肥与夏、秋肥相结合。在一年的茶叶生产中，春茶占有十分重要的地位。春茶产量最高，为全年总产量的一半左右，同时质量也最佳。春茶期间茶树新梢长势旺盛，生长速度快，产出多，消耗的养分也多，因此在全年茶园追肥的分配上，春茶前的追肥数量理应多一些；夏、秋茶生产季节长，在夏茶、秋茶采收前也应适当施用一些追肥。

4) 重氮肥，氮肥与磷、钾肥相结合。茶树叶内含有大量的氮素，采摘后，相当一部分氮素被带走，为使茶树能够正常地生长发育，应当及时补充。生产实践证明，氮肥对茶叶增产的效果最为明显。特别是采摘茶园，一定要重施氮肥。但茶树对肥料的需要是多方面的，不能长期大量地单一施用氮肥，还应适当施用磷、钾肥。茶树如缺磷或缺钾，就会影响根系的生长发育，降低茶树的抗逆性。此外，茶树若缺乏其他微量元素，也应及时加以补充。

5) 重根肥，根肥与叶面肥相结合。茶树有发达的根系，其分布既深又广，壮龄茶树的根系可深达 2 m，其水平分布可以满布 1.5 m 宽的行间。茶树根系有很强的吸收水分与养分的能力，这是茶树获得水分与养分的主要途径。所以，茶园施肥一般采用根部施肥。除根系外，茶树叶片还具有吸收养分的能力，尤其是土壤发生旱害或湿害的时候，由于根系吸收受阻，施用根肥的效果不佳，这时可以用叶面施肥的办法补充茶树所需的养分。

(2) 施肥方法

1) 施肥量的确定。我国茶区茶园施肥量的确定，一般是按照茶叶采收后所带走的氮、磷、钾数量，同时考虑肥料施入茶园后的自然挥发损失与雨水的淋溶流失情况而确定的。根据茶园生产水平的高低，在生产实践中，茶园施氮量有以下三种：

低用量：每采收 100 kg 干茶，年施纯氮 10 kg，其中 1/3 作基肥施用；2/3 作追肥施用。

中用量：每采收 100 kg 干茶，年施纯氮 12.5 kg，基肥与追肥比例与低用量相同。

高用量：每采收 100 kg 干茶，年施纯氮 15 kg，基肥与追肥比例与低用量相同。

这种施肥量一般用于亩产干茶 250～300 kg 的高产茶园，这类茶园土壤理化性状好，肥效高。

磷、钾肥的施用量，严格而言应根据当地茶园土壤养分状况加以确定。生产绿茶的茶区，一般可按氮肥与磷、钾肥 4∶1∶1 施用；少数红茶产区按 3∶1.5∶1 施用。幼龄茶园以培养树冠为主，氮肥与磷、钾肥按 2∶1∶1 施用。磷、钾肥一般在秋冬季作基肥施入。

2）基肥施用。基肥的种类较多，有以各类秸秆、落叶、人畜粪便堆积而成的堆肥，堆肥的原料在淹水条件下进行发酵而成的沤肥，畜禽栏肥，多种绿肥，沼气液或残渣，未经污染的河泥、塘泥、沟泥、菜子饼、棉子饼等饼肥以及商品有机肥等。

基肥每年或隔年施一次，也可进行隔行施，于秋茶结束后施入。施基肥一般要开沟深施，沟深 0.2～0.3 m，施入肥料后覆土。一般在 10 月中下旬至 11 月上旬施用为宜。

3）追肥施用。在全年茶叶生产中，施追肥次数为 2～4 次，产量高的施用次数多。年施 2 次追肥的，分别在春茶前（60%）与夏茶前（40%）施入；年施 3 次的，分别在春茶前、夏茶前与秋茶（三茶）前施用，施肥量各为 40%、30%、30%，或 50%、25%、25%；年施 4 次的，分别在春茶前（40%）、夏茶前（20%）、三茶（7—8 月采的为三茶）前（20%）与四茶（9 月采的为四茶）前（20%）施用。施肥时开深 0.10 m 的施肥沟，施入肥料后覆土。

叶面肥（根外追肥）有时可作为根际施肥的辅助措施加以应用，但应用不能过多，浓度要掌握得当。在茶树新梢生长至一芽一、二叶开展时，选阴天、多云天气或傍晚进行。将树冠叶片正背面均匀喷湿。常用肥料浓度，尿素 0.3%～0.5%，过磷酸钙 0.5%～1.0%，硫酸钾 0.5%～1.0%。

4. 茶园水分管理

茶树的水分含量，一般占全株质量的 60% 左右，在旺盛生长季节，嫩芽叶的含水量可高达 75%～85%。水分不足和过多，都会对茶树的生命活动带来不良的影响。在旱季，茶树处在高温及光照条件下，若水分不足，轻则出现芽叶凋萎，重则叶片枯焦，以至枝条枯死。而水分过多，尤其是地下水位高的情况下，会造成土壤供氧不足，直接影响茶树根系生长和对营养物质的吸收。长此以往，会导致烂根。轻则发育不良，叶片发黄，育芽能力差，芽叶生长缓慢，重则可使茶树死亡。一般认为土壤相对含水量保持在 70%～80% 范围内，对茶树生长最为有利。

因此，茶树的水分管理工作是茶叶生产的主要内容之一，目的在于为茶树创造适宜的水分条件，保证与促进茶树正常的生长发育。

夏、秋季节茶区降雨不足，常会发生旱害，遇到这种情况，就应当及时灌水补充。在旱季进行茶园灌溉，是提高茶叶品质与产量的一项重要措施。干旱持续时间越长，灌溉的增产效果越显著，同时灌溉使茶叶的自然品质有了保证。更值得指出的是，在旱季对茶园进行灌溉，可避免茶树由于旱害而导致的树势衰退，保证茶树的正常生长，对下一年春茶的产量、质量十分有利。

茶园灌溉的方法视各地条件不同主要有喷灌、漫灌、滴灌。

（1）喷灌。喷灌是把灌溉的水通过机械压力，由特别的喷头射向空中，似自然雨降落在茶园中。茶园的喷灌系统主要由水源、动力、水泵、输水渠道、压力输水管及喷头等部分组成。按各部分的组合情况与可移动的程度可分为移动式、固定式两种。固定式使用时操作方便，节省劳力，适用于灌水期长的茶园和苗圃地，生产效率高，容易实现现代化；但投资大，要专门设计，在茶园中铺设管道，合理安装喷头。移动式使用方便，较为灵活；但转移搬动多，路与渠道占地较多，喷灌用水较省，水的利用率高，在高温季节喷灌可以降低土温和叶温，有利于茶树生长。

（2）漫灌。漫灌又称自流灌，即在茶园中修筑水渠，利用地形让水从高处流向低处，使其自然渗透。漫灌水的有效利用率较低，灌溉均匀度也较差，一般适用于水资源丰富的地区。

（3）滴灌。滴灌是滴水灌溉的简称，其原理是在一定的水压作用下，使水通过一系列管道，最后由滴水器（滴头）向茶树根部附近缓慢滴水，使土壤保持有利于茶树生长的含水率，达到灌溉的目的。滴灌的优点是省水，不破坏土壤的物理结构。但投资大，对水的清洁要求高，不然会造成滴水器阻塞。

5. 茶园铺草

茶树行间铺草是一项传统的栽培措施。旱季铺草的茶园，其土壤耕作层的含水率比不铺草的茶园一般可提高 5%～10%。据试验，秋季茶园铺草不但可增产，而且对来年春茶大有好处；高山茶园铺草后，夏季可降低地表温度，冬季则能提高地表温度，且冻土层浅，土壤湿度高，茶树长势明显优于不铺草的茶园，茶叶增产显著。

茶园铺草以铺盖后不见土面为宜。一般草层厚度在 10～15 cm，每亩铺草 2 000 kg 左右。铺草材料就地取材，可用稻草、麦秆等农作物秸秆，也可用细嫩杂草、幼嫩枝叶，还可利用周边杂地、路边、沟边种植一些绿肥，收割后作为铺草材料。茶园修剪下的枝叶，若无病虫害，也可留园覆盖。

茶园铺草全年都可进行，以防旱为目的的铺草，宜在旱季来临之前进行。铺草前应先清除茶园杂草。平地和梯地茶园，可进行散铺；坡地茶园应顺坡横向铺，并稍加泥土压盖，以阻断地表径流，并提高茶园接纳雨水的能力。

6. 茶树修剪

茶树修剪是培养树冠、更新复壮树势的关键技术。根据修剪的不同方法与不同目的，茶树修剪可分为定型修剪、轻修剪、深修剪、重修剪等几种。

（1）定型修剪。定型修剪是奠定优质高产树冠基础的中心环节。通过对幼龄茶树的定型修剪，剪去主枝和部分高位侧枝，控制树高，培养健壮骨干枝，促进分枝的合理布局并扩大树冠。经几次定型修剪后，茶树分枝层次明显，有效生产枝增多，树冠覆盖扩大，可为茶叶的优质高产打下坚实的基础。新种植的茶树，一般要经过三次定型修剪。

第一次定型修剪在茶苗移栽定植时进行，修剪高度为离地 15～20 cm，工具用整枝剪较为合适。第二次定型修剪，一般在第一次修剪一年后进行，高度为离地 30～35 cm；工具用整枝剪或平型修剪机。第三次定型修剪一般在第二次修剪一年后进行，高度为离地 45～50 cm。必须注意的是，为了提高茶树幼龄期的收益，定型修剪的时间往往推迟至春茶采摘结束后进行。3 足龄以后开始采用轻修剪。

(2) 轻修剪。轻修剪是生产茶园中应用最多、最广泛的一种修剪方法。轻修剪的目的主要是刺激芽叶萌发，解除对顶芽的抑制作用，使树冠冠面整齐，发芽粗壮有力，便于采摘和管理，从而提高产量和质量。幼龄茶园经过三次系统定型修剪后，应再经过两次轻修剪，其作用是扩大采摘面，增加发芽密度，为茶叶高产打下基础。第一次轻修剪在第三次定型修剪后的当年秋末或次年春芽萌发前进行，下一年度再进行第二次轻修剪。每次修剪可在原剪口上提高 8～10 cm，待茶树高度达到 70 cm 左右时，按采摘茶园轻修剪的要求进行。成龄茶园必须每年或隔年进行一次轻修剪，以调节新梢密度，保持冠面平整。采摘名优茶的茶园，宜将常规的春茶前修剪改为春茶适当提前结束后（5月上旬）修剪。在气候温暖、冬季无冻害的茶区，也可在深秋时结合封园对茶蓬面进行一次 3～5 cm 的轻修剪。

(3) 深修剪。茶树经多次轻修剪和连年采摘，树冠逐年增高，冠面上的分枝密集，形成"鸡爪枝"，水分和养分输送受阻，育芽能力减弱，萌发的芽叶瘦小，对夹叶增多，产量和品质下降，采摘十分不便。对这种树冠常采用深修剪的措施，剪除"鸡爪枝"，使之形成新的树冠，恢复树势，提高产量，改善品质。深修剪的修剪深度因树冠面貌而异，以剪除"鸡爪枝"为原则，一般要剪去绿叶层的一半，约 10～15 cm。茶树深修剪的时间与轻修剪相同。但由于深修剪后当年茶树处于恢复生长期，茶叶减产，尤其是春茶产量损失较大。因此宜将深修剪时间改在春茶提前结束后（5月上中旬）进行。春茶可实行强采，做到早停采、早修剪。以期剪后新梢萌发期能遇上梅雨季节，有利于新树冠的养成。

(4) 重修剪。重修剪的对象主要是未老先衰的茶树和一些树冠虽然衰老但骨干枝仍然较强壮的茶树。这类茶树具有一定的绿叶层，但枯枝较多，育芽能力极弱，芽叶瘦小，叶张薄，对夹叶多，鲜叶自然品质差，产量低。通过重修剪改造后，可重新培养生机旺盛、枝叶繁茂、优质高产的新树冠。重修剪的深度一般离地 30～40 cm 处较为合适，重修剪的时间以春茶结束后较好，一般应在 5 月中旬前结束修剪。

7. 农药管理

茶叶是饮品，对卫生质量要求极高，如果盲目使用农药，就会影响茶产品的卫生质量，对饮茶群体的身体健康和茶产业的持续发展极为不利。因此，如何从生产各环节加强管理，着力推广科学安全用药，显得尤为重要。茶园科学安全使用农药主要应遵循以下原则：

(1) 了解并掌握出口茶叶农药残留（简称"农残"）检测种类和标准。我国是产茶大国，茶叶外销出口约占 25%。近年来，欧盟各国、日本等发达国家技术壁垒森严，茶叶农残检测种类和标准不断提高，但各茶叶进口国的农残标准也不尽相同。如日本从 2006 年 5 月正式实施肯定列表制度之后，其农残标准相对稳定，有 80 余种现行标准是按照联合国粮食与农业组织、世界卫生组织风险性评估的原则制定的。在沿用联合国国际食品法典委员会标准和临时性标准中，有一部分农药的标准相对比较宽松，在有标准的 270 余种农药中，70 余种（占总数的 28%）农药的最大残留限量标准在 5 mg/kg 以下，我国茶园一般不会超过这一标准。欧盟制定的茶叶农残标准是目前世界上最严格的，1999 年颁布的只有 7 种，到 2000 年上升为 108 种，2007 年又增至 216 种。此外，

2002年颁布的376种在欧盟范围内停止生产、使用和销售的农药，2004年又增加了120种，总计712种农药最大残留限量标准按0.01 mg/kg执行。其中有的农残标准提高了几十倍到几百倍，有的还提高了上千倍，最高的提高了3 000倍，茶园若使用农药必定超标。目前，其颁布的农药最大残留限量标准已向非农药的范围延伸扩大。因此，未来农残标准将日益严格，应引起足够重视。

（2）积极应对农残标准的挑战。茶园发生病虫害概率高，目前主要利用农药进行防治。在生产过程中，为做到喷药不超标，同时又能达到防治效果，建议：一是要密切关注茶叶进口国农残标准变化动态，严格对照标准实施防控；二是了解并掌握茶叶中污染物的来源，找准关键，控制切入点；三是科学合理地选用农药，做好生产环节管理；四是禁止使用国家规定的不能使用的农药产品，严格按照欧盟、日本和其他茶叶消费国现行标准选用农药，不可随意更改；五是推广综合治理技术，尽量减少化学农药用量；六是严格按使用说明书要求，控制药剂量、用药次数和安全间隔期；七是提倡使用单一品种农药，严禁多种农药滥配混用；八是大力推广使用高效低毒低残留、生物性、植物性和矿物性农药，禁用高毒高残留、风险性和危险性大的农药产品。采取积极应对措施，力求把茶叶农残严格控制在消费国标准之内，确保茶产品卫生质量安全。

（3）采用国家推荐使用的农药品种。茶叶出口量大，出口渠道多，现以出口日本和欧盟为例推荐目前可使用的农药品种。出口日本茶叶推荐使用农药有2.5%天王星、10%金标天王星、杀螟丹、巴丹、功夫、吡虫啉、一遍净、大功臣、蚜虱净、安绿宝、高保、百灭宁、阿克泰、优乐得、扑虱灵、灭多威、啶虫脒、莫比朗、克螨特、快螨特、灭扫利、三唑醇、百坦、羟诱宁、十三吗啉、百菌清、达科宁、苏云金杆菌、印楝素、绿晶、爱禾、波尔多液、石硫合剂等。出口欧盟茶叶推荐使用农药有2.5%天王星、10%金标天王星、克螨特、快螨特、十三吗啉、敌杀死、苏云金杆菌、绿晶、爱禾、波尔多液、石硫合剂等。茶区在使用农药时，要严格对号选用，切忌任意乱用。

（4）选准农药。无公害茶园应选择高效（对病虫）、低毒（对人畜）、低污染（对环境）和低残留（成茶中）的农药。植物源和生物源农药最为适宜，但这类农药目前使用成本较高，技术要求较严，且不能解决所有茶树病虫的防治问题，所以无公害茶园仍以化学合成农药为主。根据目前农药市场供应情况，对叶蝉类、粉虱类、蚧类、蓟马等害虫和蚜虫可选用吡虫啉；对尺蠖类、刺蛾类、卷叶性害虫可选用昆虫病毒和拟除虫菊酯类农药，如敌杀死（溴氰菊酯）、天王星（联苯菊酯）、功夫（二氟氯氰菊酯）等；对毒蛾类害虫可选用毒蛾病毒，其化学农药可选用天王星和敌敌畏的混剂；对象甲类只能使用天王星；对螨类则应重点做好秋末用石硫合剂封园，生长期可选用克螨特（不宜低容量喷洒）。

茶树上应严禁使用甲胺磷、氰戊菊酯、来福灵、三氯杀螨醇及其混合物，停止使用乙酰甲胺磷、优乐得、速螨酮、乐果、氧化乐果等农药。

（5）适期防治。掌握适期防治，能提高病虫防治效果、减少农药用量、降低周年防治次数。我国茶区茶树的几种主要害虫防治适期为：鳞翅目害虫一般在2～3龄幼虫期（用病毒防治则应在1～2龄幼虫期，茶细蛾应在幼虫潜叶、卷边期），叶蝉类害虫掌握在田间虫口高峰前期且若虫占总虫量80%以上时，粉虱类、蚧类害虫掌握在卵孵化盛末期（即卵孵化率达84%），象甲类害虫掌握在成虫出土盛末期；叶螨类应掌握在田间出现重害状之前。

防治适期准确与否，取决于茶叶经营者对茶树植保知识的掌握和田间实地的病虫情调查，茶叶（或植保）技术业务部门能否提供准确的茶树病虫预测预报尤为重要。

(6) 对靶喷洒。不同的害虫栖息在茶树的不同部位，大体上可分为蓬面害虫和栖息在茶树中下部的害虫。喷洒农药时应根据害虫种群的不同，采用不同的喷洒方法。蓬面害虫可采用蓬面扫喷，栖息在茶树中下部的害虫可采用侧位喷洒。

茶园面积较大的经营者均用弥雾机进行喷洒作业，由于此作业机具有茶树迎面的着液量高于背向的特点，因此作业时，在无风条件下可实行双向交叉喷洒，每一喷幅为4～5行茶树；在有风条件下，实行单向顺风飘移喷洒，每一喷幅为2～3行茶树。

(7) 降低药量。降低药量指尽可能地降低农药用量。无公害茶园的目标是减少农药使用，直至不用化学合成农药，农药仅在害虫大发生时使用。所以，茶叶经营者要根据技术部门提供的使用量进行田间作业，不要任意提高单位面积内的农药使用量。农药的使用剂量（浓度）一般以确保目标害虫有95%左右的杀灭率较为适宜。

农药使用量能否降低，取决于选用的农药品种与防治对象是否对症，防治时间是否适宜，农药的施用方法是否科学。

(8) 减少次数。减少次数是指减少周年喷药次数。周年的农药喷洒次数直接关系到对茶园自然天敌资源的保护、周围环境的污染和茶叶中的农药残留。原来用药水平较高、喷洒农药频繁（年喷药10次以上）的茶区，应逐年减少喷药次数，使周年喷药次数降至5～6次。原来喷药次数较少的茶区，应进一步提高科学用药水平。

要减少喷药次数，一是应克服"见虫就喷药"和"无虫先防"的不正确喷施观念，二是要按防治指标确定是否喷洒农药，三是当多种病虫并发时要做到兼治。

(9) 安全采摘。茶园喷洒农药后要严格按照施药后的安全间隔期采收茶叶，目前适宜于茶园使用的常用农药，其施药后的安全间隔期可分为4～6天、7天和10天。一般安全间隔期在10天以上的农药不宜在茶园中使用。近年来，有的茶叶加工企业农残检出时有所高，这大概与茶农农药超剂量使用和没有严格按施药后的安全间隔期采收茶叶有关。

8. 冬季管理

长期的生产实践和科研试验表明，冬季茶园的管理主要涉及土肥管理、树冠管理和病虫防治三个方面。

(1) 土肥管理。每年在茶树地上部分停止生长之后施给的肥料称为基肥。基肥的作用在于保证入冬时根系活动所需要的营养物质，同时为翌年春茶萌发提供养分。据科学测定分析，春季期间施给茶园的各种氮肥当季被茶树吸收的只占10.7%～17.3%，被土壤固定的占48.1%～80.7%，损失的占2.0%～41.2%。春季施肥当季利用极少，损失严重，对春茶增产作用极小；而冬季施肥时间早，营养元素全，可缓解自然因素的影响，减少损失，有利于转化，促进吸收和储藏，提高利用率。茶树吸收后营养充足，茶芽发育饱满，从而提高春季优质茶产量，提高茶叶品质。另外茶园冬季施肥，增加了越冬期间茶叶细胞液的浓度，提高抗寒能力，芽叶生长发育好，一般可提前5～6天上市，抢占市场，使经济效益大增。

施肥时间取决于茶树地上部停止生长的时间，宜早不宜迟，一般在10月中旬左右。气温较低的地区，茶树生长停止早，施用时间也相应要早些。基肥以有机肥为主，如人粪尿、堆肥、饼肥等，并配施一部分化肥如磷肥、钾肥等。有机肥体积大、分解慢，应开沟深耕翻入土中。翻耕的深度根据茶树长势和根系分布不同情况分别进行，一般成龄采摘茶园20~30 cm，一二年生茶树15~20 cm，三四年生茶树20~25 cm。

茶园施肥量应根据茶园土壤肥力水平、茶树树龄、茶叶产量等因素加以综合分析，做到经济合理。一般地说，幼龄茶树每年平均每亩施堆肥750 kg以上，有条件的还要增加50~100 kg饼肥，25 kg过磷酸钙和15 kg硫酸钾。壮龄茶园每年平均每亩施堆肥1.5~2.5 t，有条件的再增加饼肥100~150 kg，过磷酸钙25~50 kg，硫酸钾15~25 kg。

(2) 树冠管理。主要是采摘茶园的轻修剪。轻修剪的时间有秋季和茶树萌发前两个时期。根据生产经验，如果是暖冬和大棚茶园，秋剪比春剪要好。春剪时间掌握不当，往往会浪费营养，甚至推迟采摘时间。修剪程度视秋梢生长高度而定，一般剪去秋梢的1/3或1/2。

(3) 病虫防治。秋挖和封园后的轻修剪与边缘修剪能起到一定的防病虫作用。但有的茶园隔年深翻后翌年春季修剪，这就难以达到防病虫的效果。因此，对茶园冬防应做好四个方面的工作。

1) 清理茶园。杂草和枯枝烂叶是害虫寄生和越冬的有利场所，应集中堆放烧毁，不要零星长期堆放。轻修剪要抢在清园之前完成，以便将剪下的残枝病叶在清园时一起处理。

2) 深翻土壤。茶园土壤经深翻后，枯枝烂叶被深埋覆盖，而虫蛹暴露于土层表面，经日晒雨淋和霜冻，会减少生命力。

3) 人工捕捉。封园后和初冬有可能气温较高，茶蓑蛾、扁刺蛾、茶毛虫类还能继续危害茶树。此时应抓住目标，晴天上午9时左右和下午3时后，进行人工捕捉，以减轻危害。

4) 药剂防治。封园或秋季轻修剪之后立即用2.5‰菊酯乳油3000倍液喷雾，对茶小卷叶蛾、茶小绿叶蝉和螨类均有一定的防治效果。秋茶结束后，害螨越冬前喷施波美0.3~0.4度石硫合剂进行防治。(石硫合剂是一种无机硫杀虫杀菌杀螨剂，对螨类、蚧尖及多种病害有效。由于其对茶叶质量影响较大，一般用于秋冬季茶树封园，于11月左右使用0.3~0.5波美度为宜。石硫合剂对害螨具有触杀作用，要求喷雾均匀周到。此外，它还是一种强碱性药剂，勿与其他农药混用。使用后要求将喷雾器与衣服及时洗净，以免被腐蚀。)

此外，一些冬季受寒潮侵袭的茶区，茶树易发生不同程度的冻害，从而影响茶树的生长，使茶叶产量降低。因此，防冻也是保护茶树的重要环节。冬季来临前，应剪去嫩枝，采去嫩叶，适当提早封园。要在茶树根茎部培土或铺草以提高地温，铺草以每亩2 000~2 500 kg为宜，草上适量盖一些泥土，以利于保水保肥，防止杂草滋生，同时增加茶园的有机质肥料。如北方茶区冬季气温较低，除需选用抗旱性强的品种外，可以于寒潮来临之时在茶棚上盖草帘，以增强茶树保温抗寒的能力。

冬季茶园管理是一项重要的农业技术措施，直接关系到翌年茶叶的品质、产量及效益。生产实践表明，加强茶园冬季养护和管理可以明显提高来年春茶的产量、品质，增加构成茶叶色、香、味的生化成分及浸泡次数。同时，还可及早上市，提高经济效益，增强市场竞争力。

第三节 茶区分布概述

→ 能够了解国内茶区分布的基本情况，充分认识茶树品种适制性是鲜叶及其制成品的重要特性
→ 能够了解茶业的产销现状，正确把握茶叶企业的发展方向

一、国内茶区分布

中国现有茶园面积110万公顷。地跨中热带、北热带、南亚热带、中亚热带、北亚热带以及南温带中的部分区域。在垂直分布上，茶树最高种植在海拔2 600 m高地上，而最低仅距海平面几十米或百米。在不同地区，生长着不同类型和不同品种的茶树，从而决定着茶叶的品质及其适制性和适应性，形成了一定的茶类结构。茶区分布辽阔，东起东经122°的台湾省东部海岸，西至东经95°的西藏易贡，南自北纬18°的海南岛榆林，北到北纬37°的山东荣成，东西跨经度27°，南北跨纬度19°。共有21个省（区、市）967个县、市生产茶叶。全国可分为四大茶区，即江北茶区和江南茶区、西南茶区、华南茶区。

1. 江北茶区

江北茶区南起长江，北至秦岭、淮河，西起大巴山，东至山东半岛，包括甘南、陕南、鄂北、豫南、皖北、苏北、鲁东南等地，是我国最北的茶区。

江北茶区地形较复杂，土壤多为黄棕壤和黄褐壤，常出现黏盘层，部分茶区为棕壤；不少茶区土壤酸碱度略偏高。与其他茶区相比，气温低，积温少，茶树新梢生长期短，大多数地区年平均气温在15.5℃以下，≥10℃的积温为4 500～5 200℃，无霜期200～250天，多年平均极端最低温在-10℃，个别地区可达-15℃，因此，茶树冻害严重。江北茶区中不少地区种茶的不利条件是冬季既旱又冻，致使茶树遭受旱、寒两害，生长发育受阻。因此，江北茶区在发展茶叶生产时要特别慎重。该区降水量偏少，一般年降水量在900～1 000 mm，个别地方更少。四季降水不均，夏季多而冬季少。全区干燥指数在0.75～1，空气相对湿度约75%。植被系绿阔叶树，夹杂针叶树种。茶树大多为灌木型中叶种和小叶种。

江北茶区的不少地方，因昼夜温度差异大，茶树自然品质形成好，适制绿茶，香高味浓。名茶有六安瓜片、信阳毛尖、舒城兰花茶、霍山黄大茶等。

2. 江南茶区

江南茶区在长江以南，大樟溪、雁石溪、梅江、连江以北，包括粤北、桂北、闽中北、湘、浙、赣、鄂南、皖南和苏南等地。

江南茶区大多处于低丘低山地区，也有海拔在 1 000 m 的高山，如浙江的天目山、福建的武夷山、江西的庐山、安徽的黄山等，几乎都是"高山出好茶"的名茶产区。江南茶区基本上为红壤，部分为黄壤。土壤酸碱度（pH 值）一般为 5~5.5。有自然植被覆盖下的茶园土壤，以及一些高山茶园土壤，土层深厚，腐殖质层在 20~30 cm，缺乏植被覆盖的土壤层，特别是低丘红壤，"晴天一把刀，雨天一团糟"，土壤发育差，结构也差，土层浅薄，有机质含量很低。整个茶区基本上属中亚热带季风气候，南部则为南亚热带季风气候，气候温和，四季分明。年平均气温在 15.5℃ 以上，≥10℃ 积温为 5 000~6 000℃，极端最低温度多年平均不低于 -8℃，无霜期 230~280 天。但晚霜和北方寒流会对该茶区的北部带来危害。降水量比较充足，一般在 1 400~1 600 mm，全年降水量以春季为多。部分茶区夏日高温时，会发生伏旱或秋旱。

江南茶区产茶历史悠久，资源丰富，历史名茶甚多，如西湖龙井、君山银针、洞庭碧螺春、黄山毛峰等，享誉国内外。中国已审定或认定的良种，如福鼎大白茶、鸠坑种、祁门种以及龙井43、福云6号、湘波绿等，均出自江南茶区。该茶区种植的茶树大多为灌木型中叶种和小叶种，以及少部分小乔木型中叶种和大叶种。江南茶区是发展绿茶、乌龙茶、花茶、名特茶的适宜区域。名茶有西湖龙井、黄山毛峰、君山银针、庐山云雾、顾清紫笋、太平猴魁、洞庭碧螺春、大顺香菇寮、莫干黄芽、云和惠明茶、恩施玉露等。

3. 西南茶区

西南茶区在米苍山、大巴山以南，红水河、南盘江、盈江以北，神农架、巫山、方斗山、武陵山以西，大渡河以东的地区，包括黔、川、滇中北和藏东南。

西南茶区地形复杂，大部分地区为盆地、高原，土壤类型多。滇中北多为赤红壤、山地红壤和棕壤，江川、黔及藏东南则以黄壤为主，酸碱度（pH 值）一般为 5.5~6.5，土壤质地黏重，有机质一般含量较低。

西南茶区各地气候变化大，但总的来说，水热条件较好。四川盆地年平均温度为 17℃ 以上，而川西雅安则为 16℃；云贵高原年平均气温为 14~15℃。整个茶区冬季较温暖，除个别地区，如四川万源地区冬季极端最低温度曾到 -8℃ 以外，一般仅为 -3℃。≥10℃ 积温为 5 500℃ 以上，无霜期在 220 天以上。年降水较丰富，大多在 1 000 mm 以上，有的地区如四川峨嵋，年降水量则达 1 700 mm。茶区年平均干燥指数小于 1.00，部分地区小于 0.75。该茶区雾日多，但冬季仍显干旱，降水量不到全年的 10%。

西南茶区茶树资源较多，由于气候条件较好，适宜茶树生长，所以栽培茶树的种类多，有灌木型和小乔木型茶树，部分地区还有乔木型茶树。该区适制红茶和各种压制茶（如沱茶、普洱方茶、饼茶），其中云南大叶种加工而成的滇红和普洱茶，在国际市场上享有盛誉。另外，也生产一些绿茶（如四川的竹叶青等）、花茶等。

4. 华南茶区

华南茶区位于大樟溪、雁石溪、梅江、连江、浔江、红水河、南盘江、无量山、保山、盈江以南，包括闽中南、台、粤中南、海南、桂南、滇南。

华南茶区水热资源丰富,在有森林覆盖下的茶园,土壤肥沃,有机质含量高。全区大多为赤红壤,部分为黄壤。不少地区由于植被破坏,土壤暴露和雨水侵溶,使土壤理化性状不断趋于恶化。整个茶区高温多湿,年平均温度在20℃以上,≥10℃积温达6 500℃以上,无霜期300~365天,年极端最低温度不低于-3℃,大部分地区四季常青。全年降水量可达1 500 mm,海南的琼中高达2 600 mm。但冬季降水量偏低,形成旱季。干燥指数大部分小于1.00,只有海南等少数地区才大于1.00。

华南茶区茶树资源极其丰富,汇集了中国的许多大叶种(乔木型或小乔木型)茶树,主要生产红碎茶和乌龙茶,其中如武夷岩茶、安溪大红袍(铁观音)、英德红茶、广西六堡茶、广东乌龙茶、凤凰水仙、浪菜等皆驰名中外。

二、茶叶产销情况

中国茶叶总产量约130万t,稳居世界第一。这标识着中国世界最大产茶国的地位,同时也标识着中国的茶叶生产重点要从追求产量向追求效益、培育名牌、提高竞争力转变,从而实现产茶大国向茶叶的强国转变。

近年来,中国茶产业得到快速发展,产业规模不断扩大,出口数量和金额屡创新高。2008年中国茶园种植面积达到160万顷、产量达124万t,均居世界第一,世界茶叶总量的1/3都出产自中国,茶叶出口居世界第三。2008年中国茶叶出口29.7万t,出口金额6.82亿美元。2009年中国茶叶总产量为130万t左右,茶叶总出口量为30.3万t。

茶叶出口规模的不断扩大对提高中国茶产业的水平和竞争力、增加茶农收入发挥了重要作用。茶叶生产对国民经济发展的贡献也不可忽视。

第四节 茶叶加工基本原理

→ 了解各类茶的品质形成原理
→ 熟悉各类茶的加工工艺及关键工序的技术要求

从茶树鲜叶到可饮用的茶叶,须经过特有的加工工艺和技术制作才能达到目的,这一过程称为茶叶制造。中国具有完整的制造绿茶、黄茶、黑茶、白茶、青茶和红茶等多种茶类的加工工艺和先进的制茶技术,这些工艺和技术是我国劳动人民在长期的生产实际中,不断反复实践、总结、改进、再实践而形成的,是中国人民为人类作出的巨大贡献。

一、茶叶品质的形成

茶叶品质由茶叶的色、香、味、形构成,形成茶叶品质的物质基础是鲜叶中所含的多种化学物质,如水分、茶多酚、氨基酸、蛋白质、咖啡碱、芳香物、色素、碳水化合物、有机酸、脂类、维生素、无机盐等。这些物质在不同的加工过程中发生着各种错综复杂的物理变化和化学变化，从而形成各种茶叶不同的色、香、味、形。

1. 茶叶色泽的形成

茶叶色泽包括干茶色泽、茶汤色泽和叶底色泽，是辨别茶类和茶叶品质优劣的重要因素之一。茶叶色泽的类型和深浅程度是由鲜叶中固有的色素物质和某些化学物质（主要是多酚类物质）在茶叶加工过程中变化（或增加、或减少、或转化成新物质）程度决定的。

（1）鲜叶中的色素物质。茶树的鲜叶中含有叶绿素、胡萝卜素、叶黄素、花青素和黄酮类等多种色素，约占鲜叶干物质含量的1%。前三种不溶于水，称为脂溶性色素；后两种溶于水，称为水溶性色素。

1) 叶绿素。鲜叶中叶绿素含量为0.24%~0.85%，分叶绿素a（呈墨绿色）和叶绿素b（呈黄绿色），相同鲜叶中叶绿素a的含量是叶绿素b的2~3倍。叶绿素含量随茶树新梢的生长而增加，故嫩叶含量低，色泽呈黄绿色，老叶呈深绿色。鲜叶中的叶绿素存于叶绿体内，不溶于水，但不很稳定，光、酸、碱、氧化剂都会使其分解，在酸性或湿热环境中会改变存在形式，从叶绿体中释放出来。叶绿素分子易失去卟啉环中的镁而成为去镁叶绿素，在加热条件下生成易溶于水的绿色色素——叶绿酸和叶绿醇。叶绿素是形成绿茶绿色的主要物质之一。

2) 其他色素。鲜叶中的胡萝卜素呈黄色，含量约为0.02%~0.1%，叶黄素为橙黄色，含量为0.01%~0.07%，两者在茶叶加工过程中变化不大；花青素属于酚类物质中的类黄酮类，味苦，其色泽随着细胞的酸碱而改变，细胞液呈酸性则偏红，细胞液呈碱性则偏蓝。花青素的形成和积累与其生长发育的状态和环境有关。一般情况下，鲜叶中的含量非常少（夏季叶含量稍高，紫芽即是花青素含量稍高的表现）。含量虽少，但它的存在对茶叶品质影响很大。其含量高的鲜叶加工绿茶滋味苦（有资料认为鲜叶内若含有0.01%的花青素就能使茶滋味发苦）。干茶色泽乌黑，叶底呈靛蓝色；制红茶则汤色、叶底乌暗。花黄素也属酚类色素，呈黄色，易溶于水，鲜叶中的含量约为1.3%~1.8%，易发生自动氧化，是多酚类化合物自动氧化部分的主要物质，其氧化物的多少与红茶茶汤的橙黄色成正比，也是绿茶茶汤黄绿色的主要成分。

（2）多酚类化合物。在茶树鲜叶中，多酚类化合物含量约占鲜叶干物质总量的1/3，是茶叶中三大主要物质中的二级代谢产物，为无定型或结晶型固体，有涩味和收敛作用，在空气中易氧化。多酚类化合物是由多种酚类衍生物组成的复杂的混合物。研究资料表明，它由30多种酚类物质组成。按这些物质的化学结构可分为四大类，即儿茶素类（属黄烷醇类），约占多酚化合物的75%、花黄素约占10%、酚酸约占10%、花青素含量较少。

多酚类化合物在制茶过程中易氧化、缩合、聚合，这些复杂多样的化学变化直接影响着制茶品质。如多酚类化合物的酶促氧化（主要在红茶、青茶制造中），需要一种名为多酚氧化酶的物质参与。在正常鲜叶中，两者分别存在于叶绿粒和叶细胞的液泡中，互不相干；当将鲜叶进行加工时，由于受外部条件的影响（机械损伤或揉捻时的外力），隔离液泡和原生质的半渗透膜受到损伤，从而使多酚氧化酶与多酚类物质相互接触，一且遇到氧气立刻发生氧化反应，其氧化产物为茶黄素（水溶液为鲜明的橙黄色），茶黄素可继续氧化成茶红素（棕红色）、茶褐素（暗褐色），这三种氧化产物是形成红茶色泽的主要物质。另外，多酚类物质还会发生自动氧化（主要在黄茶和黑茶制造中），这种氧化反应在湿热条件下会加快、加深。

2. 茶叶香气的形成

茶叶的香气成分是芳香物，是茶叶中多种挥发性芳香物的总称，由碳氢化合物，醇类、醛类、酮类、内酯类、羧酸类、酚类、含氧化合物、含硫化合物和含氮化合物组成。由于分别含有羟基、酮基、醛基、脂基等而形成各种各样的香气。这些芳香物质来自两个途径：一个是鲜叶中所含的芳香物，含量约占鲜叶干物质的 0.03%～0.05%，其中低沸点（200℃以下）芳香物比重较大，如具有强烈青草气的青叶醇（沸点156℃）和 α-β-己烯醛（沸点140℃）约占芳香物总量的75%，而且在制茶过程中的高温下大量挥发或转化，只有一些高沸点（200℃以上）具有良好香型的芳香物（如具有苹果香的苯甲醇、具有玫瑰香花香的苯乙醇、具有花香的芳樟醇等）参与到成品茶香气成分。另一个是制茶过程中，由其他物质转化而来的芳香物。由于鲜叶中的芳香物质种类仅有60种左右，而成品茶中却有几百种之多（红茶中有300多种，绿茶中有100多种），这就证明在制茶过程中新增加不少芳香物质。例如在红茶萎凋、发酵过程中，某些醇类的氧化、氨基酸和胡萝卜素的降解，有机酸和醇的酯化、亚麻酸的氧化降解、己烯醇的异构化、糖的热转化等，新产生了许多鲜叶中没有的香气物质；绿茶高温杀青使大量低沸点带青草气的芳香物（如青叶醇等）挥发，而带新鲜高清香的反型青叶醇、正壬醛、顺-3-己烯醇和带花香的芳樟醇有所增加；青茶的萎凋和摇青使鲜叶的糖苷和多酚类物质在各种酶的作用下分解，使呈花香的橙花椒醇之类的萜烯醇等物质处于游离状态而呈现出花香。

组成茶叶香气的芳香物虽然含量不高，但种类丰富，而且各种茶的加工方法有所不同，芳香物含量、组合比例有所差异，因此形成了茶叶香气类型的多样化。

3. 茶叶滋味的形成

茶叶滋味是茶叶主要品质因子之一，其形成是鲜叶中有味物质和制茶过程中转化而来的水溶性有味物质综合作用的结果。如具有涩味和收敛性的多酚类、具有鲜味的氨基酸、具有苦味的咖啡碱和具有甜味的糖类等。由于茶树品种、茶树生长环境、鲜叶质量、加工工艺和加工技术的不同，使茶叶中的呈味物质种类、含量及比例有所差异。因此，不同类种、级别的茶叶会显现出各具特色的滋味。

（1）多酚类。多酚类物质是一种由30多种酚性物质组成的混合物，按这些酚类物质的化学结构可分为四大类，即儿茶素类、花黄素、酚酸和花青素。其中直接影响茶叶滋味的主要成分是儿茶素和花青素。儿茶素在多酚类物质中所占比例较大，约占70%～80%，儿茶素又分非脂型儿茶素（或称游离儿茶素、简单儿茶素）和脂型儿茶素（或称复杂儿茶素）。前者易氧化，收敛性较弱，味不苦；后者收敛性较强，在高含量下有苦涩味。鲜叶中所含儿茶素的量因茶树品种、成熟度和生长季节的不同而有所差异。

（2）氨基酸。氨基酸是蛋白质的主要组成部分。鲜叶中蛋白质含量较高，约占干物质的30%，在蛋白酶的作用下水解成氨基酸。在一般情况下，幼嫩芽叶含量高于粗老叶，春茶高于夏茶，茶叶中已检测出茶氨酸、谷氨酸、天门冬氨酸、亮氨酸、丙氨酸、赖氨酸、苯丙氨酸等20多种氨基酸，其中以茶氨酸、谷氨酸和天门冬氨酸三种含量最多，分别约占氨基酸总量的55%、14%、10%。氨基酸具有各种不同的滋味，如茶氨酸具有甜鲜味和焦糖香；谷氨酸具鲜味；丙氨酸具花香；苯丙氨酸具玫瑰花香味。

（3）咖啡碱。咖啡碱是茶叶中生物碱的主要物质之一，一般为干物质含量的2%～5%。咖啡碱呈绢丝光泽的针状结晶，易溶于水，具苦味。鲜叶中咖啡碱含量随着新梢生长而有所降低。另外，茶树品种、生长季节不同其含量也不同，一般情况下，大叶种高于小叶种，夏茶高于春茶。在制茶过程中咖啡碱变化不大，成品茶中咖啡碱含量主要由鲜叶中咖啡碱含量决定。

（4）糖类。糖类又称碳水化合物，分单糖、双糖和多糖三大类。茶叶中的糖类很复杂，单糖类有葡萄糖、核糖、木酮糖、阿拉伯糖、半乳糖、果糖等，其含量约为干物质的0.3%～1%；双糖类有蔗糖、麦芽糖、乳糖、棉籽糖等，其含量约为0.5%～3%。单糖和双糖具有甜味，多数易溶于水；多糖类有淀粉、纤维素、半纤维素、木质素和果胶等，约占10%～20%。多糖类物质多数不溶于水，但多糖中的淀粉在制茶过程中，通过酶的作用可分解成可溶性的葡萄糖和麦芽糖参与到茶滋味中。

4. 茶叶形状的形成

茶叶的形状包括干茶形状和叶底形状两方面，是茶叶品质的重要组成部分，也是各种不同茶叶品质特征的表现之一。茶叶形状千姿百态，丰富多彩，具有观赏性。

（1）常见干茶形状

1）针形茶。针形茶干茶形状为：茶条紧、圆、直，两端尖削似针状，如银针、松针、雨花茶等。

2）条形茶。条形茶干茶形状为：茶条长度比"直径"大许多倍，如毛峰、毛尖、长炒青、烘青茶等。

3）扁形茶。扁形茶干茶形状为：茶条扁、平、直，如竹叶青、龙井、蒙顶黄牙等。

4）卷曲形茶。卷曲形茶干茶形状为：茶条紧细弯曲或卷曲显毫，如蒙顶甘露、碧螺春、峨蕊等。

5）圆形茶。圆形茶干茶形状为：茶呈颗粒状，紧结似圆珠，如珠茶、贡熙、火青等。

6）雀舌形茶。雀舌形茶干茶形状为：茶条芽叶间有一小缺口形似雀舌，如巴山雀舌等。

7）花朵形茶。花朵形茶干茶形状为：芽叶相连形似花朵，如白牡丹、绿牡丹等。

8）团块形茶。团块形茶是通过特殊的蒸压工艺，使成品外形呈团块状，如康砖、金尖、沱茶、饼茶等。

（2）常见叶底形状

1）芽形。芽形叶底指用单芽制成的各类茶的叶底，如蒙顶黄芽、君山银针等。

2）雀舌形。雀舌形叶底指用一芽一叶初展制成的各类茶的叶底，如峨嵋毛峰、敬亭绿雪等。

3）整叶形。整叶形叶底指芽叶完整无断碎的叶底，如烘青、炒青毛茶和红毛茶等。

4）半叶形。半叶形叶底指各类毛茶经精制加工后的叶底。

5）花朵形。花朵形叶底指芽叶相连，泡后自然展开形似花朵的叶底，如白牡丹、绿牡丹等。

尽管茶叶形状各式各样，但是无论哪种都是在制茶过程中形成的，即揉捻成形（团块形例外），干燥定型。鲜叶在揉捻过程中因受力形式、方向和大小不同，而初步形成不同形状的茶叶外形，再经干燥工序将其形状固定。例如，针形茶是鲜叶经杀青后在平底锅中利用摩擦力搓卷而成；扁形茶是鲜叶经杀青或揉捻后再炒压成形；圆形茶是鲜叶经杀青、揉捻、初干后在专用锅中利用茶条间相互挤压成形；条形茶是鲜叶萎凋或杀青、揉捻、解块后烘干或炒干固定形状；团块形则是已经初步成形的茶再经蒸炒、灌模、加压成形。

总之，在制茶过程中，要根据所加工茶叶的品质要求，采用合适的加工工艺及相应的技术，使鲜叶中的各种化学物质向有利于品质的方向发展，从而达到制茶的目的。

二、各茶类加工工艺技术的基本要求

决定茶叶品质——色、香、味、形的主要因素有两个，一个是鲜叶内含物，另一个是制茶工艺和技术。相同的鲜叶采用不同的制茶工艺，能制出不同茶类的茶；即便采用相同的加工工艺，加工技术的不同也会制成不同品质的茶。

茶类不同，其加工工艺各异，茶叶品质也有所区别，形成各类茶品种特征的关键在于其加工工序。

1. 绿茶

基本工艺为杀青、揉捻、干燥。品种特征是绿汤绿叶，形成此特征的关键工序是"杀青"。

2. 黄茶

基本工艺为杀青、揉捻或做形、闷黄（闷黄也有在揉捻前或初干后进行的）、干燥。品质特征是干茶色泽黄亮，内质黄汤黄叶。形成此特征的关键工序是"闷黄"。

3. 黑茶

基本工艺为杀青、揉捻、渥堆（下面的"茶叶初制技术"中将对"渥堆"作解释；产地不同也有用晒青毛茶做原料，在精制工艺中进行"渥堆"的，如云南黑茶的制作）、干燥。品种特征是汤色橙黄或橙褐，叶底黄褐或黑褐。形成此特征的关键工序是"渥堆"。

4. 白茶

基本工艺为萎凋、干燥。品种特征是芽毫银白、毫心肥壮、芽叶连枝、叶形波卷、毫香显露等。形成此特征的关键工序是"萎凋"（与茶树品种也有关）。

5. 青茶

基本工艺为萎凋、杀青、揉捻、做青、干燥。品种特征是香气特殊（以天然花果香居多），叶底有红边（工艺不同红边程度有差异）。形成此特征的关键工艺是"做青"。

6. 红茶

基本工艺为萎凋、揉捻或揉切、发酵、干燥。品种特征是红汤红叶。形成此特征的关键工序是"发酵"。

三、初制技术对茶叶品质的影响

1. 杀青

在六大茶类制造中，鲜叶须经杀青处理的有绿茶、黄茶、黑茶和青茶。杀青是利用高温破坏鲜叶组织，使内含物质迅速转化为制造各类茶特有品质所需要的基础物质。

（1）杀青的目的。杀青的目的首先是破坏多酚氧化酶的活性，制止鲜叶内多酚类物质的酶促氧化，保持所加工茶的滋味浓度和色泽不红变。其次是改变叶绿素的存在形式，从叶绿体中释放出来，一部分固定在叶内，在干茶色泽和叶底色泽中表现；一部分分解成水溶性的叶绿酸和叶绿醇进入茶汤，呈黄绿色。再次是将带青草气的低沸点芳香物挥发掉，让有利于香气的高沸点芳香物显现。最后是降低鲜叶含水量，使叶质柔软，便于揉捻造型。要实现以上目的必须有相应的技术措施。

（2）杀青技术。鲜叶杀青首先要求迅速、及时地破坏酶的活性。鲜叶中的酶是不耐高温的，有资料认为茶叶中的多酚氧化酶的最适温度（在一定条件下，酶促反应物达到最高量时的温度）为52℃，酶钝化临界温度（在一定条件下，酶促反应速度为零时的温度）为85℃。因此，在杀青过程中，必须利用高温，使杀青叶温度达到酶钝化临界温度以上，才能让酶失去活性，可见温度是影响酶活性的重要因素之一。若温度过低则达不到杀青的目的，过高则会导致杀青叶焦煳。杀青技术的另一个关键是时间，叶温从室温上升到酶钝化临界温度，其间要经历酶最适温度，也就是说多酚氧化酶在此期间有一个剧烈活化过程。有资料认为，在酶最适温度内，温度每升高10℃，其催化速度成倍增加。如果升温时间过长，多酚氧化酶在其最适温度前后的时间延长，杀青叶内的多酚类物质就会被氧化，多酚类物质的减少、氧化产物的增加以及其他内含物的化学变化对所加工茶类的品质影响很大。在一般情况下，叶温在 2 min 左右内上升到85℃以上，并保持一定时间，就可达到制止酶活性的目的，若超过 4 min 就可能出现红梗红叶现象。

2. 萎凋

萎凋是制白茶、青茶、红茶的第一道工序。虽然制造这三类茶的第一道工序都是萎凋，其萎凋原理、作用也相同，但是由于它们的品质特点差异很大，因此萎凋在各自加工工艺中的目的和要求有所不同。如萎凋是白茶加工的关键工序，其萎凋程度也是三类茶中最重的，其次是红茶，再次是青茶。

（1）萎凋的目的和原理。鲜叶萎凋过程实际上是鲜叶的一个物理化学变化过程。即随着鲜叶水分的散发和内含物的变化而导致叶片面积萎缩，叶质变软，叶色变暗，青草气逐步减弱。鲜叶的物理变化主要体现在失水，化学变化主要体现在鲜叶内含物物理化学性质的改变，如细胞膜透性增加，细胞器（线粒体、叶绿体、液泡体等有形体）的结构和功能改变，细胞水解，一些储藏物质和部分结构物质（如淀粉、蔗糖、蛋白质、果胶以及少量的脂肪物质等）分解成简单物质。化学变化大多在酶的催化作用下进行，如在酶的作用下淀粉分解成葡萄糖，双糖转化成单糖，蛋白质和酚酞分解成氨基酸，原果胶分解成水溶性果胶和果胶酸。白茶萎凋以发展香味为主，改变叶形为辅；青茶通过萎凋，一方面为下一道做青工序"走水"（通过萎凋失水，使叶片与梗之间的含水量差异增大，做青时梗中的有效物随着水分的转移进入叶内）做准备，另一方面为提高香气、去除苦涩味做准备；红茶则是通过萎凋使叶质变软，利于揉捻时做形和充分破坏叶胞。

（2）萎凋技术。萎凋技术直接关系到萎凋叶质量，要求萎凋叶的理化变化既适度又均匀且不发生劣变，萎凋条件尤为重要。萎凋叶的度因茶类不同要求有所不同，恒量标准通常以水分散失的多少为依据。如红茶萎凋叶失水40%为度，白茶失水70%为度，青茶30%左右为度。影响萎凋叶质量的主要因素有水分、温度和时间。水分散发的速度又与空气中的相对湿度密切相关。相对湿度低，水分蒸发快；相对湿度高，水分蒸发慢。在一般情况下，温度高相对湿度就低，温度低相对湿度就高。因此，可以通过调节萎凋叶的环境条件和时间来控制萎凋叶的萎凋程度。

3. 揉捻

六大茶类制造中，大都包括揉捻工序，只有白茶、黄茶和绿茶中的少数品种例外。揉捻就是让经过前一道工序（杀青或萎凋）改变了物理性能的"鲜叶"受力变形。

（1）揉捻的目的。茶类不同其揉捻的目的也不尽相同，如红茶揉捻的目的是：破坏茶叶的细胞组织，叶细胞破损率要求达到80%以上，使茶汁流出黏糊在茶叶表面，利于下道一工序的发酵；将茶叶揉成紧细的条索，使之符合成品外形要求；使茶叶中的可溶性物质易溶于水，增加茶汤的浓度。而其他茶揉捻的目的是：将茶叶揉成紧细或紧卷的茶条，使其符合成品外形要求；适当破坏叶细胞组织，叶细胞破损率达到约50%即可，有利于冲泡和增加成品在冲泡时内含物的溶解度。

（2）揉捻技术。揉捻技术主要是指对揉捻压力和速度的控制。力的作用有轻重、用力的时间长短、次数的多少和用力的早迟之分。揉捻时加压要掌握先轻后重再轻，加压与松压相结合的原则。先轻压，利用摩擦力初步把叶片揉成圆形叶条，轻压松压后，加重压使叶条逐渐卷成紧条，此时叶汁随之被挤出。如不松压，叶汁流失，茶汤淡薄，而且挤出叶汁后的茶条干硬，而重压揉捻则易成碎片。压力的轻重、时间的长短也是相对而言的。压力大时间长条索紧，压力小时间短条索松。但压力过大、时间过长都会导致揉捻叶条扁而易碎；压力过小、时间过短则叶条粗松；加压的次数、用力的早迟又与叶子的老嫩、数量有关，叶嫩则加压次数少，叶老则加压次数多；叶嫩而量多迟加压，叶老而量少早加压。嫩叶加压轻，次数少，时间短，加压迟；老叶则相反。

4. 闷黄或渥堆

闷黄或渥堆工序是形成黄茶或黑茶类茶叶品质特征的关键工序。两者的原理是基本一致的，都是将杀青叶或晒青叶通过闷黄或渥堆，使叶色由绿变黄或变褐黄。

（1）闷黄或渥堆的目的和原理。由于制造黄茶和黑茶的第一道工序是杀青，鲜叶内的多酚氧化酶活性得到控制，叶内多酚类物质的酶促氧化难以进行，因此在黄茶的"闷黄"和黑茶的"渥堆"工序中需创造一定的条件，使叶内的各种化学成分向各类茶的品质特征有利的方向发展。如黄茶要达到黄叶黄汤，黑茶要求汤色褐黄、叶色褐绿等特点。研究证明，这两个过程叶内所发生的化学反应是在湿热条件下进行的。只是黄茶闷黄的时间较短，利用杀青、揉捻的余热；黑茶渥堆时间较长，产生化学热，是热催化作用。两者有时间和热量大小的区别，也就是说两者的化学变化程度上的差异导致其成品品质的不同。

(2) 闷黄或渥堆技术。闷黄或渥堆技术主要是对在制品水分和温度的控制。叶内水分含量越高，其化学反应越剧烈，释放出的热量也越多，叶温就升得越快。叶温越高，反过来又加速湿热作用的进行。由此可以看出，水分含量高的在制品在闷黄或渥堆中所进行的化学反应快，所需的时间短。如含水量18%的叶子闷14天，叶温达到55℃；含水量20%的叶子需要12天，叶温达到55℃；含水量22%的叶子需要10天；含水量23%的叶子需要8天；含水量25%的叶子需要7天，含水量27%的则只要6天即可。因此，控制黄茶和黑茶的闷黄和渥堆进程就是控制在制品的水分和温度。

5. 发酵

发酵是鲜叶细胞组织损伤时，叶内多酚类物质在酶促作用下所产生的一系列氧化、聚合、缩合反应，从而形成显现红茶品质特征红叶红汤所需的有色物质。

(1) 发酵的目的和原理。发酵是红茶制造的重要环节，发酵质量的好坏直接影响成品质量的优劣。红茶的发酵在揉捻工序就已经开始。由于通常情况下（即鲜叶完好无损）叶内多酚氧化酶存于叶绿体中，而多酚类物质则存于叶细胞的液泡里，相隔而居。当萎凋叶经揉捻后，液泡膜受到损伤，液泡汁液被挤出，多酚类化合物四处扩散，与聚结在叶绿体上的多酚类氧化酶相接触，遇到氧气就会发生氧化反应。发酵的目的是促进多酚类物质的氧化，一方面使所产生的氧化产物——茶黄素、茶红素、茶褐色来体现红茶色泽；另一方面伴随发酵还有其他物质的化学变化，如某些醇类的氧化、氨基酸和胡萝卜素的降解、有机酸和醇的酯化、亚麻酸的氧化降解、己烯醇的异构化、糖的热转化以及未氧化的儿茶素等组成红茶的滋味和香气。

(2) 发酵技术。茶叶在发酵过程中，酶的活性与温度的高低、发酵叶含水量的多少及氧气的供给是否充分有着密切的关系，因此温度、湿度和氧气是影响发酵的主要因素。发酵的关键是适度。若发酵不足则成品香气低、略带青气，汤色浅红，叶底带青色，茶汤带苦涩味；若发酵过度则香气低、汤色红暗，滋味淡薄，叶底暗褐不亮。发酵温度的高低直接影响酶的活性。有试验证明，温度在15℃以下时，叶内酶的活性极弱，几乎看不见明显的发酵作用；在15~20℃时，酶的活性不强，发酵进度缓慢；在21~29℃时，发酵进行正常；超过30℃时，产品香气不好，温度越高则香气越差。此时虽然没达到酶的最适温度，但在高温条件下，酶的催化作用过强，多酚类的氧化与缩合过快过多，可使大量可溶性色素转变成不可溶色素聚结在叶底而影响色泽及亮度。发酵叶含水量以60%为宜。发酵叶含水量越低发酵越困难，若低于50%，成品叶底乌暗，香低味淡；若含水量过高，发酵速度过快，虽然叶底红亮，但香味偏青涩。发酵叶含水量正常的情况下，发酵室的相对湿度以95%左右为宜。氧气是多酚类物质进行酶促氧化的必备条件，氧气供应充分可加速氧化反应的进程，缩短红茶发酵的时间。

6. 干燥

干燥是所有茶类制造的最后一道工序，是形成和发展茶叶品质的重要工序之一。茶叶干燥既是水分蒸发过程，同时也是热化学变化过程，在要求干燥技术控制茶叶水分蒸发速度的同时，也要控制化学反应的方向和速度。

(1) 干燥的目的。干燥的目的是蒸发水分到足干，利于储存，保持品质。若成品茶含水量过高,在储存过程中茶叶内各种化学物质会继续发生变化,尤其是多酚类化合物的继续氧化(主要是湿热作用下的自动氧化,红茶例外)易导致茶叶香气减少,汤色变深。如果环境温度增高,其氧化作用会加快,程度加深,质量急剧下降。利用干燥温度继续挥发低沸点芳香物质,让高沸点有利于茶叶香气的芳香物质更多地显现出来;整理和固定茶叶外形;红茶还利用干燥高温迅速制止酶活性,停止发酵,使发酵时形成的良好品质固定下来。

(2)干燥技术。影响干燥技术的主要因素有温度和叶量。温度的高低直接关系到成品茶质量的好坏。若温度过低,叶水分蒸发慢,使前面各工序中完成的各种化学变化在湿热条件下继续进行而产生一些不利于成茶品质的物质。如茶褐素的增多会使红茶色泽深暗,绿茶会因湿热作用导致色泽变黄等;若温度过高,易使茶叶水分蒸发不匀。水分蒸发快的叶子含水量少,继续高温干燥易产生老火味,严重者还会出现烟焦气味。叶量即是投叶量或摊叶厚度。在相同温度下,叶量多相应的温度低,水分散发慢;相反,叶温高水分散发快,有的茶(如圆形茶等)还可通过增加叶量,利用相互间的挤压来完成形状形成。干燥、翻动一方面使茶叶受热均匀,水分散发均匀,另一方面可促进茶叶外形的形状。总之,茶叶干燥过程进展的不同阶段,对干燥技术要求也不同。前期以蒸发水分和制止前一工序的继续进行为主,应提高温度,减少叶量;中期因叶子可塑性较好,以做形为主,适当增加叶量;后期含水量已经降至15%~18%,此时是形成茶叶香味的主要阶段,应更好地控制温度和叶量。

四、精制技术对茶叶品质的影响

茶叶作为人们日常生活中的主要饮用品,需要商品供应的连续性和质量的稳定性,而茶叶是一种季节性很强的农产品,茶树品种、鲜叶采摘,初制技术以及采制时间的不同都会导致同类茶叶初制产品质量参差不齐。要保持产品具有一定批量和相同品种规格产品品质的一致性,需对初制产品再进行一次加工,相对初制而言,称为"精制"。精制前的产品叫"毛茶",精制后的产品叫"精茶"或"成品茶"。"成品茶"是相对无需后续加工而直接进入市场的产品而言的。若需进行再加工的产品如窨花、蒸压茶等则称之为半成品或半制品。

毛茶精制的目的总的来说是划分等级、整理形状、剔除次杂、充分干燥、改善和提高毛茶品质,其加工方法主要包括筛分、切轧、风选、拣剔、再干燥等环节。

1. 筛分

(1)筛分的目的。筛分是利用各种不同的筛分方法和技术,使筛内茶叶因受不同力量的作用而作各种形式的运动,性状(如长短、粗细、轻重、薄厚等)相似的茶叶相继通过同一规格的筛孔相对集中,从而达到整理外形的目的。筛分后的茶叶称为号茶。筛分的方法主要有回转筛、抖筛和飘筛三种。筛分的方法不同,所起的作用各异,达到的目的也不同。回转筛作圆周运动,使筛内茶叶布满全筛作旋转运动,旋转方向与筛的运动方向相反,沿着筛面作回旋滑动,使茶叶通过不同的筛孔分离不同的长短;抖筛作前后来回摆动,茶叶在筛面跳动而呈垂直状态,通过不同的筛孔,将粗细分离,使条形茶分粗细、圆形茶分长圆;飘筛的动作是循环旋转跳动,使茶叶平铺在筛面,其运动与筛的振动方向相反，上下跳动，重类的沉于筛底穿过筛孔，轻飘的留于筛面，从而分出轻重。

（2）筛分技术。筛分是毛茶精制的主要过程，无论哪类毛茶的精制都离不开筛分作业。筛分质量要求达到一定的生产率，既要有较高的筛分效率，还要使在制品经过筛分作业后符合毛茶精制对筛分后产品的质量要求。影响筛分质量的主要因素有上筛茶性状、筛网的运动形式与速度和筛网结构。

1) 上筛茶性状。上筛茶性状包括其形状（如长短、粗细、大小、直曲等）、各种形状所占比例、含水量、筛出茶数量等。上筛茶性状在筛分过程中起着决定性作用。如果筛上茶中细小茶比例较大或者含有较多的筛出茶，这些细小茶条（块）就能迅速而容易地通过筛孔，此时筛面的难筛茶条（块）具有较大活动空间改变运动方式而穿过筛孔，达到较高的筛分率和生产效率；反之，则会导致筛分率和生产效率降低。因此，当上筛茶中细小筛下茶含量较低，筛上茶较粗大（大于筛孔）时，须先筛出过粗大的筛上茶，再筛分含有较细的筛下茶。另外，筛上茶的含水量高，散落性差，筛分效率和生产率低，必要时需先复火再筛分。

2) 筛网的运动形式与速度。筛网的运动形式有圆周回转运动（如分筛、撩筛等）、来回运动（如抖筛等）和上下跳动而圆周运动（如飘筛等）。运动形式对筛分质量的影响程度与运动速度、茶叶形状有关。一般情况下，分筛、撩筛生产效率最高，抖筛次之，飘筛最低。筛网转动速度的快慢影响生产率，筛分效率又影响筛下茶质量。如筛子转动速度过慢，茶在筛面运动慢，散不开。若筛孔较大，茶叶通过筛孔量多，虽筛分效率高，但筛下茶不净；若筛孔小，筛分效率和生产力都低。筛子转动速度过快，振动力较大，一方面易将一部分较大的茶叶筛下去，筛效率高，但筛下茶规格不清楚；另一方面茶叶作跳跃运动，越过筛孔抖出筛面，虽生产率高但筛分效率低。因此，要提高筛分质量须控制筛网运动速度。

3) 筛网结构。筛网的大小直接影响生产率和筛分效率。筛孔小，筛下茶规格清楚，但筛分效率和生产效率低；反之筛分效率和生产效率都高，但筛下茶质量低。

2. 切轧

（1）切轧的目的。切轧的目的是利用各种切轧机将不能通过筛网（孔）的头子茶（不能通过第一面筛网的粗大茶叶，如抖头、撩头、毛茶头等）做细，或折断，或分解，使其顺利通过筛孔，以提高正茶率。切轧机的类型有：滚筒式切茶机，一般用于毛茶头或长身茶，将粗大的和细长的茶切断；圆切机，主要用于轧碎筋梗茶和轻片茶，将拣头中的茶条挤断，再通过筛分分离茶、梗；齿切机，主要用于切碎短秃的茶头或轻片茶。

（2）切轧技术。切轧是毛茶精制中的主要过程之一，不仅对正茶率的高低起着决定性作用，而且对品质也有较大影响。切轧过程中，无论使用哪种切轧机和切轧方式（松口切或紧口切）都应掌握一个基本原则，即尽可能先除净不应切断的茶条。如先抖出头子中的形状好的茶条或将抖头和撩头先扇，而后再付切。分开应切与不应切的茶坯；切轧还应分次付切。在不费工、不影响品质的原则上增加切轧次数（如一次切细会增加粉末），先松切后紧切，逐步改进形状，提高正茶率。

3. 风选

（1）风选的目的。风选的目的是采用各种风力选别机，分别茶叶的轻重和薄厚，去除黄片、茶末和碎片茶以级其他轻质的夹杂物。风选是分别等级最重要的一个过程。一般情况下，一个筛孔分出的茶，其长短粗细基本相同。在相同风力作用下，轻飘的飞得远，下落慢；重实的下落快，落得近。重实的茶品质好，轻飘的质量差。轻重不同的茶叶经风选后被分成不同的等级，因此，风选是毛茶精制过程中茶叶定级的主要阶段。

（2）风选技术。风选机分吹风式和吸风式两种。影响风选质量的因素主要有风力（或风机转速）和下茶速度。在风选过程中，风力的大小和下茶速度的快慢应根据茶叶大小和质量分离的要求来调节。风力过小，轻质茶片、末、杂质不易扇出，与重实茶混为一团；风力过大，则轻重茶片一同扇出，需要复扇，浪费工时。下茶速度快即下茶量大，对风的阻力也大，茶的轻重难以分清；下茶速度慢即下茶量小，对风阻力小，较为重实的茶也被扇落得远，高级别茶制率降低。

4. 拣剔

（1）拣剔的目的。拣剔的目的是利用手拣或机拣将混入毛茶中的茶籽、茶茎梗、粗老叶片或不符合在制品质量要求的茶条等茶类夹杂物和非茶类夹杂物剔除，以补救毛茶采制的粗放和筛分、风选作业的疏漏，进一步使形状整齐，提高净度。

（2）拣剔技术。拣剔也是毛茶精制的主要过程之一，提高净度对成品外形品质影响很大。拣剔分手拣和机拣两种。手拣虽拣净率高，但拣剔效率较低，在生产实践中，常用于高档次名优茶和需要保持毛茶原有形状的茶叶拣剔，或者辅助机拣；拣剔机器是根据茶与梗的物理特性如形态、流动性及含水量等不同设计的，在拣剔过程中，若遇茶、梗物理性能相近的往往会被误拣或漏拣，对非茶类夹杂物也无能为力，从而影响拣净率。所以，对净度要求较高的产品往往辅助手拣（如功夫红茶、青茶、白茶等），才能达到成品质量要求。

5. 再干燥

（1）再干燥的目的。毛茶在初制干燥时，由于掌握程度不一，再加上茶叶具有较强的吸湿性，在储运和精制过程中因吸湿而含水量升高。而茶叶含水量高，会促进茶叶的陈化，影响成品茶品质。通过精制复火去掉过高水分，保持茶叶干度，一方面有利于成品茶储存、运输、销售；另一方面使茶条紧缩（如珠茶的磨光）、色泽均匀（如眉茶的辉锅和车色）、香气增高（如红茶的糖香和花果香、绿茶的板栗香等），可提高茶叶色、香、味、形。

（2）再干燥技术。再干燥是毛茶精制中的重要过程之一。再干燥根据其目的和方法不同分为补火、做火、复火三种。再干燥的方法和种类依在制品而定。如白茶、青茶精制时只需复火，内销茶以补火为主，出口茶则既要补火、做火、也要复火。红茶、白茶再干燥用烘，绿茶主要用炒。补火主要用于精制前的毛茶（毛茶进库或精制前若含水量过高都要补火）。做火主要用于精制过程中的在制品；复火用于精制完成装箱前。影响干燥质量的主要因素有温度、时间、在制品含水量和投叶量。火温过低不能发挥较好的香气，过高则易产生焦味。火温的高低依据茶叶种类、性状和再干燥方法而定，如高档茶忌老火，而粗老茶则要求老火。时间的长短与火温的高低有关。在相同温度之下，嫩度高的茶因耐火力较弱，时间应短；嫩度低的时间应长。含水量高的茶，火温相应要高，时间要求长；反之，则时间要短。投叶量的多少与在制品含水量、条索粗细有关。

茶叶基本知识

烘焙时，含水量高则薄摊，含水量低则厚摊；细嫩茶薄摊，粗老茶厚摊。炒制时，投叶量要适中，过多会因减少茶与锅的摩擦而影响成品形状和色泽；过少则会因减少茶与茶、茶与锅之间的挤压而影响成品形状。同时，叶量过少，热量易散发，叶温降低；生产效率也低。

第 2 单元

茶叶安全与生产加工操作安全基础知识

- 第一节 与食品安全法和产品质量法相关的知识/47
- 第二节 茶叶生产加工安全操作知识/53

本单元介绍的食品安全与操作安全知识,是茶叶制造全过程中必须严格遵守的强制性法规。食品质量安全市场准入制度主要包括三项内容:生产许可制度,即要求食品生产加工企业具备原材料进厂把关、生产设备、工艺流程、检验设备与能力等保证食品质量安全的必备条件;强制检验制度,即要求企业履行食品必须经检验合格方能出厂销售的法律义务;市场准入标识制度,即要求企业对合格食品加贴质量安全标识,对食品质量安全进行承诺。食品安全与操作安全知识是茶叶加工企业必备的重要知识。

第一节 与食品安全法和产品质量法相关的知识

→ 能够熟悉国家食品安全法律法规对茶叶加工行业的具体要求和强制性的规定

→ 能够自觉按照食品安全和产品质量法律法规的有关规定办事,自觉维护法律法规的尊严

一、《食品卫生法》相关知识

为保证食品卫生,防止食品污染和有害因素对人体的危害,保障人民身体健康,增强人民体质,《中华人民共和国食品卫生法》(以下简称《食品卫生法》)规定:

凡在中华人民共和国领域内从事食品生产经营的,都必须遵守本法。

《食品卫生法》适用于一切食品,食品添加剂,食品容器、包装材料和食品用工具、设备、洗涤剂、消毒剂;也适用于食品的生产经营场所、设施和有关环境。

1. 食品的卫生

食品应当无毒、无害,符合应当有的营养要求,具有相应的色、香、味等感官性状。

专供婴幼儿的主、辅食品,必须符合国务院卫生行政部门制定的营养、卫生标准。

食品生产经营过程必须符合下列卫生要求:

(1)保持内外环境整洁,采取消除苍蝇、老鼠、蟑螂和其他有害昆虫及其孳生条件的措施,与有毒、有害场所保持规定的距离。

(2)食品生产经营企业应当有与产品品种、数量相适应的食品原料处理、加工、包装、储存等厂房或者场所。

(3)应当有相应的消毒、更衣、盥洗、采光、照明、通风、防腐、防尘、防蝇、防鼠、洗涤、污水排放、存放垃圾和废弃物的设施。

(4)设备布局和工艺流程应当合理,防止待加工食品与直接入口食品、原料与成品交叉污染,食品不得接触有毒物、不洁物。

(5)餐具、饮具和盛放直接入口食品的容器,使用前必须洗净、消毒,炊具、用具用后必须洗净,保持清洁。

(6)储存、运输和装卸食品的容器包装、工具、设备和条件必须安全、无害,保持清洁,防止食品污染。

(7)直接入口的食品应当有小包装或者使用无毒、清洁的包装材料。

(8)食品生产经营人员应当经常保持个人卫生,生产、销售食品时,必须将手洗净,穿戴清洁的工作衣、帽;销售直接入口食品时,必须使用售货工具。

(9) 用水必须符合国家规定的城乡生活饮用水卫生标准。
(10) 使用的洗涤剂、消毒剂应当对人体安全、无害。

2. 禁止生产经营的食品

下列食品禁止生产经营：

(1) 腐败变质、油脂酸败、霉变、生虫、污秽不洁、混有异物或者其他感官性状异常，可能对人体健康有害的；
(2) 含有毒、有害物质或者被有毒、有害物质污染，可能对人体健康有害的；
(3) 含有致病性寄生虫、微生物的，或者微生物毒素含量超过国家限定标准的；
(4) 未经兽医卫生检验或者检验不合格的肉类及其制品；
(5) 病死、毒死或者死因不明的禽、畜、兽、水产动物等及其制品；
(6) 容器包装污秽不洁、严重破损或者运输工具不洁造成污染的；
(7) 掺假、掺杂、伪造，影响营养、卫生的；
(8) 用非食品原料加工的，加入非食品用化学物质的或者将非食品当做食品的；
(9) 超过保质期限的；
(10) 为防病等特殊需要，国务院卫生行政部门或者省、自治区、直辖市人民政府专门规定禁止出售的；
(11) 含有未经国务院卫生行政部门批准使用的添加剂的或者农药残留超过国家规定容许量的；
(12) 其他不符合食品卫生标准和卫生要求的。

食品不得加入药物，但按照传统既是食品、又是药品的作为原料、调料或者营养强化剂加入的除外。

3. 食品添加剂的卫生

生产经营和使用食品添加剂，必须符合食品添加剂使用卫生标准和卫生管理办法的规定；不符合卫生标准和卫生管理办法的食品添加剂，不得经营、使用。

4. 食品容器、包装材料和食品用工具、设备的卫生

食品容器、包装材料和食品用工具、设备必须符合卫生标准和卫生管理办法的规定。

食品容器、包装材料和食品用工具、设备的生产必须采用符合卫生要求的原材料。产品应当便于清洗和消毒。

5. 食品卫生标准和管理办法的制定

食品，食品添加剂，食品容器、包装材料，食品用工具、设备，用于清洗食品和食品用工具、设备的洗涤剂、消毒剂以及食品污染物质、放射性物质容许量的国家卫生标准、卫生管理办法和检验规程，由国务院卫生行政部门制定或者批准颁发。

6. 食品卫生管理

各级人民政府的食品生产经营管理部门应当加强食品卫生管理工作，并对执行本法情况进行检查。

各级人民政府应当鼓励和支持改进食品加工工艺，促进提高食品卫生质量。

食品生产经营企业应当健全本单位的食品卫生管理制度，配备专职或者兼职食品卫

生管理人员，加强对所生产经营食品的检验工作。

食品生产经营企业的新建、扩建、改建工程的选址和设计应符合卫生要求，其设计审查和工程验收必须有卫生行政部门参加。

利用新资源生产的食品、食品添加剂的新品种，生产经营企业在投入生产前，必须提出该产品卫生评价和营养评价所需的资料；利用新的原材料生产的食品容器、包装材料和食品用工具、设备的新品种，生产经营企业在投入生产前，必须提出该产品卫生评价所需的资料。上述新品种在投入生产前还需提供样品，并按照规定的食品卫生标准审批程序报请审批。

定型包装食品和食品添加剂，必须在包装标识或者产品说明书上根据不同产品分别按照规定标出品名、产地、厂名、生产日期、批号或者代号、规格、配方或者主要成分、保质期限、食用或者使用方法等。所有食品添加剂成分必须在包装上标明。食品、食品添加剂的产品说明书，不得有夸大或者虚假的宣传内容。

食品包装标识必须清楚，容易辨识。在国内市场销售的食品，必须有中文标识。

标明具有特定保健功能的食品，其产品及说明书必须报国务院卫生行政部门审查批准，其卫生标准和生产经营管理办法，由国务院卫生行政部门制定。

标明具有特定保健功能的食品，不得有害于人体健康，其产品说明书内容必须真实，该产品的功能和成分必须与说明书相一致，不得有虚假。

食品、食品添加剂和专用于食品的容器、包装材料及其他用具，其生产者必须按照卫生标准和卫生管理办法实施检验合格后，方可出厂或者销售。

食品生产经营者采购食品及其原料，应当按照国家有关规定索取检验合格证或者化验单，销售者应当保证提供。需要索证的范围和种类由省、自治区、直辖市人民政府卫生行政部门规定。

食品生产经营人员每年必须进行健康检查；新参加工作和临时参加工作的食品生产经营人员必须进行健康检查，取得健康证明后方可参加工作。

凡患有痢疾、伤寒、病毒性肝炎等消化道传染病（包括病原携带者），活动性肺结核，化脓性或者渗出性皮肤病以及其他有碍食品卫生的疾病的，不得参加接触直接入口食品的工作。

食品生产经营企业和食品摊贩，必须先取得卫生行政部门发放的卫生许可证方可向工商行政管理部门申请登记。未取得卫生许可证的，不得从事食品生产经营活动。

7. 食品安全市场准入制度

市场准入，一般是指货物、劳务与资本进入市场的程度的许可。产品的市场准入，一般是指市场的主体（产品的生产者与销售者）和客体（产品）进入市场的程度的许可。食品质量安全市场准入制度就是为保证食品的质量安全，具备规定条件的生产者才允许进行生产经营活动，具备规定条件的食品才允许生产销售的监督制度。因此，实行食品质量安全市场准入制度是一种政府行为，是一项行政许可制度。

食品质量安全市场准入制度包括三项具体制度：

（1）对食品生产企业实施生产许可证制度。对于具备基本生产条件、能够保证食品质量安全的企业，发放食品生产许可证，准予生产获证范围内的产品；未取得食品生产

第一部分 基础知识

许可证的企业不准生产食品。这就从生产条件上保证了企业能生产出符合质量安全要求的产品。

（2）对企业生产的食品实施强制检验制度。未经检验或经检验不合格的食品不准出厂销售。对于不具备自检条件的生产企业强令实行委托检验。这项规定适合我国企业现有的生产条件和管理水平，能有效地把住产品出厂安全质量关。

（3）对实施食品生产许可制度的产品实行市场准入标识制度。对检验合格的食品要加印（贴）市场准入标识（quality safety，QS），没有加贴QS标识的食品不准进入市场销售。这样便于广大消费者识别和监督，便于有关行政执法部门监督检查，同时，也有利于促进生产企业提高对食品质量安全的责任感。

二、《产品质量法》相关知识

1. 总则的相关规定

《中华人民共和国产品质量法》规定：生产者、销售者应当建立健全内部产品质量管理制度，严格实施岗位质量规范、质量责任以及相应的考核办法。

生产者、销售者依照本法规定承担产品质量责任。

禁止伪造或者冒用认证标识等质量标识；禁止伪造产品的产地，伪造或者冒用他人的厂名、厂址；禁止在生产、销售的产品中掺杂、掺假，以假充真，以次充好。

产品质量应当检验合格，不得以不合格产品冒充合格产品。

禁止生产、销售不符合保障人体健康和人身、财产安全的标准和要求的工业产品。具体管理办法由国务院规定。

县级以上产品质量监督部门根据已经取得的违法嫌疑证据或者举报，对涉嫌违反本法规定的行为进行查处时，可以行使下列职权：对当事人涉嫌从事违反本法的生产、销售活动的场所实施现场检查；向当事人的法定代表人、主要负责人和其他有关人员调查、了解与涉嫌从事违反本法的生产、销售活动有关的情况；查阅、复制当事人有关的合同、发票、账簿以及其他有关资料；对有根据认为不符合保障人体健康和人身、财产安全的国家标准、行业标准的产品或者有其他严重质量问题的产品，以及直接用于生产、销售该项产品的原辅材料、包装物、生产工具，予以查封或者扣押。

消费者有权就产品质量问题，向产品的生产者、销售者查询；向产品质量监督部门、工商行政管理部门及有关部门申诉，接受申诉的部门应当负责处理。

保护消费者权益的社会组织可以就消费者反映的产品质量问题建议有关部门负责处理，支持消费者对因产品质量造成的损害向人民法院起诉。

2. 产品质量要求

（1）不存在危及人身、财产安全的不合理的危险，应当符合保障人体健康和人身、财产安全的国家标准、行业标准；

（2）具备产品应当具备的使用性能，但是对产品存在使用性能的瑕疵作出说明的除外；

（3）符合在产品或者其包装上注明采用的产品标准，符合以产品说明、实物样品等方式表明的质量状况。

3. 产品或者其包装上的标识必须真实并符合下列要求

（1）有产品质量检验合格证明。

（2）有中文标明的产品名称、生产厂厂名和厂址。

（3）根据产品的特点和使用要求，需要标明产品规格、等级、所含主要成分的名称和含量的，用中文相应予以标明；需要事先让消费者知晓的，应当在外包装上标明，或者预先向消费者提供有关资料。

（4）限期使用的产品，应当在显著位置清晰地标明生产日期和安全使用期或者失效日期。

（5）使用不当，容易造成产品本身损坏或者可能危及人身、财产安全的产品，应当有警示标识或者中文警示说明。

裸装的食品和其他根据产品的特点难以附加标识的裸装产品，可以不附加产品标识。

易碎、易燃、易爆、有毒、有腐蚀性、有放射性等危险物品以及储运中不能倒置和其他有特殊要求的产品，其包装质量必须符合相应要求，依照国家有关规定作出警示标识或者中文警示说明，标明储运注意事项。

4. 损害赔偿

（1）销售者应当赔偿的情况以及赔偿办法

售出的产品有下列情形之一的，销售者应当负责修理、更换、退货；给购买产品的消费者造成损失的，销售者应当赔偿损失：

1) 不具备产品应当具备的使用性能而事先未作说明的；

2) 不符合在产品或者其包装上注明采用的产品标准的；

3) 不符合以产品说明、实物样品等方式表明的质量状况的。

由于销售者的过错使产品存在缺陷，造成人身、他人财产损害的，销售者应当承担赔偿责任。

销售者不能指明缺陷产品的生产者，也不能指明缺陷产品的供货者的，销售者应当承担赔偿责任。

因产品存在缺陷造成人身、他人财产损害的，受害人可以向产品的生产者要求赔偿，也可以向产品的销售者要求赔偿。属于产品的生产者的责任，产品的销售者赔偿的，产品的销售者有权向产品的生产者追偿。属于产品的销售者的责任，产品的生产者赔偿的，产品的生产者有权向产品的销售者追偿。

因产品存在缺陷造成受害人人身伤害的，侵害人应当赔偿医疗费、治疗期间的护理费、因误工减少的收入等费用；造成残疾的，还应当支付残疾者生活自助费、生活补助费、残疾赔偿金以及由其扶养的人所必需的生活费等费用；造成受害人死亡的，并应当支付丧葬费、死亡赔偿金以及由死者生前扶养的人所必需的生活费等费用。

因产品存在缺陷造成受害人财产损失的，侵害人应当恢复原状或者折价赔偿。受害人因此遭受其他重大损失的，侵害人应当赔偿损失。

因产品存在缺陷造成损害要求赔偿的诉讼时效期间为两年，自当事人知道或者应当知道其权益受到损害时起计算。

因产品存在缺陷造成损害要求赔偿的请求权,在造成损害的缺陷产品交付最初消费者满十年丧失;但是,尚未超过明示的安全使用期的除外。

(2) 生产者能够证明有下列情形之一的,不承担赔偿责任:

1) 未将产品投入流通的;

2) 产品投入流通时,引起损害的缺陷尚不存在的;

3) 将产品投入流通时的科学技术水平尚不能发现缺陷的存在的。

5. 罚则

生产、销售不符合保障人体健康和人身、财产安全的国家标准、行业标准的产品的,责令停止生产、销售,没收违法生产、销售的产品,并处违法生产、销售产品(包括已售出和未售出的产品,下同)货值金额等值以上3倍以下的罚款;有违法所得的,并处没收违法所得;情节严重的,吊销营业执照;构成犯罪的,依法追究刑事责任。

在产品中掺杂、掺假,以假充真,以次充好,或者以不合格产品冒充合格产品的,责令停止生产、销售,没收违法生产、销售的产品,并处违法生产、销售产品货值金额50%以上3倍以下的罚款;有违法所得的,并处没收违法所得;情节严重的,吊销营业执照;构成犯罪的,依法追究刑事责任。

生产国家明令淘汰的产品的,销售国家明令淘汰并停止销售的产品的,责令停止生产、销售,没收违法生产、销售的产品,并处违法生产、销售产品货值金额等值以下的罚款;有违法所得的,并处没收违法所得;情节严重的,吊销营业执照。

销售失效、变质的产品的,责令停止销售,没收违法销售的产品,并处违法销售产品货值金额2倍以下的罚款;有违法所得的,并处没收违法所得;情节严重的,吊销营业执照;构成犯罪的,依法追究刑事责任。

伪造产品产地的,伪造或者冒用他人厂名、厂址的,伪造或者冒用认证标识等质量标识的,责令改正,没收违法生产、销售的产品,并处违法生产、销售产品货值金额等值以下的罚款;有违法所得的,并处没收违法所得;情节严重的,吊销营业执照。

产品标识不符合《产品质量法》第27条规定的,责令改正;有包装的产品标识不符合《产品质量法》第27条第(四)项、第(五)项规定,情节严重的,责令停止生产、销售,并处违法生产、销售产品货值金额30%以下的罚款;有违法所得的,并处没收违法所得。

销售者销售《产品质量法》第49条至第53条规定禁止销售的产品,有充分证据证明其不知道该产品为禁止销售的产品并如实说明其进货来源的,可以从轻或者减轻处罚。

拒绝接受依法进行的产品质量监督检查的,给予警告,责令改正;拒不改正的,责令停业整顿;情节特别严重的,吊销营业执照。

隐匿、转移、变卖、损毁被产品质量监督部门或者工商行政管理部门查封、扣押的物品的,处被隐匿、转移、变卖、损毁物品货值金额等值以上3倍以下的罚款;有违法所得的,并处没收违法所得。

违反本法规定,应当承担民事赔偿责任和缴纳罚款、罚金,其财产不足以同时支付时,先承担民事赔偿责任。

第二节 茶叶生产加工安全操作知识

→ 能够掌握安全用电知识
→ 能够掌握机械操作安全知识
→ 能够掌握防火防爆知识
→ 能够掌握一般急救常识

一、安全用电知识

1. 茶叶加工工必须学习安全用电知识

茶叶加工厂内用电设备很多,每个工人接触电气设备的机会也多,茶叶加工工必须掌握安全用电基本知识。

2. 茶叶加工工需要掌握的安全用电知识

(1) 未经电工特种作业培训考核合格并取得上岗证的人员,不得从事电工作业。

(2) 电工进行作业前必须验电。任何电气设备在为验明无电之前,应一律认为有电,不要盲目触及;对"禁止合闸""有人操作"等标牌,无关人员不得移动。

(3) 不用手或导电物(如铁丝、钉子、别针等金属制品)去接触、探试电源插座内部,不触摸没有绝缘的线头,发现有裸露的线头要及时与电工联系。

(4) 不用湿手触摸电器,不用湿布擦拭电器。发现电器周围漏水时,暂时停止使用,并且立即通知电工做绝缘处理,等漏水排除后,再恢复使用。要避免在潮湿的环境下使用电器,更不能让电器淋湿、受潮或在水中浸泡,以免漏电,造成人身伤亡。电器长期搁置不用,容易受潮、受腐蚀而损坏,重新使用前需要认真检查。

(5) 灯泡或电吹风机、电饭锅、电熨斗、电暖器等电器在使用中会发出高热,应注意将它们远离纸张、棉布等易燃物品,防止发生火灾;同时,使用时要注意避免烫伤。

(6) 不要在一个多口插座上同时使用多个电器。使用插座的地方要保持干燥,并不要将插座电线缠绕在金属管道上。电线延长线不可经由地毯或挂有易燃物的墙上,也不可搭在铁架上。电器插头务必插牢,紧密接触,不要松动,以免生热。电器使用完毕要及时拔掉电源插头;插拔电源插头时要捏紧插头部位,不要用力拉拽电线,以防止电线的绝缘层受损造成触电。使用电器过程中造成跳闸,一定首先要拔掉电源插头,然后联系维修人员查明跳闸原因,并检查电器故障问题,而后确定是否可以继续使用,以确保安全。

(7) 不要随便乱动车间内的电气设备。如果电气设备出了故障,不得私自修理,也不能带故障运行,应立即请电工检修。

(8) 作业人员经常接触和使用的配电箱、配电板、闸刀开关、按钮开关、插座、插头以及导线必须保持安全完好,不得有破损或使带电部分裸露。

(9) 电器设备必须有保护性接地、接零装置,并进行检查,以保证连接的牢固。

(10) 需要移动某些非固定安装的电气设备,如照明灯、电焊机等时,必须先切断电源再移动，同时要防止导线被拉断。

（11）当电气设备或电路系统中熔丝（保险丝）熔断后，禁止用铜丝和铁丝代替熔丝使用。

（12）在雷雨天切忌走近高压电线杆、铁塔、避雷针等处，应至少远离其20 m之外，以免发生跨步电压触电。

（13）不要随意拆卸、安装电源线路、插座、插头等。不要破坏楼内安全指示灯等公用电器设备。用电不可超过电线、断路器允许的负荷能力。增设大型电器时，应经过专业人员检验同意，不得私自更换大断路器，以免起不到保护作用，引起火灾。

（14）不要在电线上晾晒衣服，不要将金属丝（如铁丝、铝丝、铜丝等）缠绕在带电的电线上，以防磨破绝缘层而漏电，以造成伤亡事故。不靠近高压线杆，不要在电力线路附近放风筝、打鸟，不能在电缆和拉线附近挖坑、取土以防倒杆、断线。

（15）如果看到有电线断落，千万不要靠近，要及时报告有关电力部门维修。当发现电气设备断电时，要及时通知电力部门抢修。

（16）当电器烧毁或电路超负载的时候，通常会有一些不正常的现象发生，比如冒烟、冒火花、发出奇怪的响声，或导线外表过热，甚至烧焦产生刺鼻的怪味，这时应马上切断电源，然后检查用电器和电路，并找到维修人员处理。

（17）当用电器或电路起火时，应立即切断电源，用黄沙或二氧化碳、四氯化碳灭火器灭火。切不可使用水或泡沫灭火器灭火。救火时应注意自己身体的任何部分及灭火器具不得与电线、电气设备接触，以防发生触电。

（18）发现有人触电时要立即关闭电源；或者用干木棍或其他绝缘物将触电者与带电的导体分开，不要用手去直接救人；如触电者神智昏迷、停止呼吸，应立即施行人工呼吸，或马上送医院进行紧急抢救。

二、机械操作安全知识

1. 茶叶加工工必须学习机械操作安全知识

要保证机械设备不发生工伤事故，不仅机械设备本身要符合安全要求，而且更重要的是操作者——茶叶加工工必须掌握机械操作安全知识，严格遵守安全操作规程。

2. 茶叶加工工需要掌握的机械操作基本安全要求

（1）工作前要穿好紧身工作服，袖口扣紧，长发要盘入工作帽内，操作旋转设备时不能戴手套。

（2）操作前要对机械设备进行安全检查，而且要空车运转以下，确认正常后，方可投入运行。

（3）机械设备在运行中也要按规定进行安全检查。特别是对紧固的物件要查看是否由于振动而松动，以便重新紧固。

（4）机械设备严禁带故障运行，千万不能凑合使用，以防出事故。

（5）机械设备的安全装置必须按规定正确使用，不准将其拆掉不使用。

（6）机械设备的刀具、工夹具以及加工的零件等一定要装卡牢固，不得松动。

（7）机械设备在运转时，操作者不得离开工作岗位，以防发生问题无人处理。

(8) 机械设备在运转时，严禁用手调整；也不得用手测量零件，或进行润滑、清扫杂物等。如必须进行时，则应首先关停机械设备。

(9) 工作结束后，应关闭开关，把刀具和工件从工作位置退出，将零件、工夹具等摆放整齐，并清理好工作场地。

三、防火防爆安全知识

1. 茶叶加工工必须学习防火防爆安全知识

茶叶加工场所防火防爆尤为重要，茶叶加工工也必须了解防火防爆知识。

2. 茶叶加工工需要遵守的防火防爆注意事项

(1) 掌握一定的防火防爆知识，并严格管贯彻执行防火防爆规章制度。禁止违章作业。

(2) 应在规定的安全地点吸烟，严禁在工作现场和厂区内吸烟和乱扔烟头。

(3) 使用、运输、储存易燃易爆气体、液体等物质时，一定要严格遵守安全操作规程。

(4) 在工作现场禁止随便动用明火。确需使用时，必须报请主管部门批准，并做好安全防范工作。

(5) 对于使用的电气设施，如发现绝缘破损、老化不堪、超负荷以及不符合防火防爆要求时，应停止使用，并报告领导加以解决。不得带故障运行，防止放生火灾、爆炸事故。

(6) 应学会使用一般的灭火工具和器材。对于车间内配备的防火防爆工具、器材等，应该爱护，不得随便挪用。

四、急救常识

1. 触电抢救常识

(1) 立即切断电源，如拉断相关电闸；用干燥木棒或戴绝缘手套使触电者脱离带电物体；也可站在干燥木板或凳子上，用一只手拉脱电线。

(2) 救助者应单腿跳、双腿并拢跳或以小碎步移动接近漏电点，避免跨步电压对救助者的伤害。迅速使触电者脱离漏电环境 20 m 之外。避免双手拖拉伤者，应单手拉伤者的衣服，且不要接触触电者的肉体，避免自己触电。

(3) 若是高压导线触电，应立即打电话向供电局报告，救护作业应在距高压线 15 m 以外进行。

(4) 对触电者进行应急救治。对脱离带电体的受伤人员，如有呼吸但神志不清的，应将其放在空气流通处，使其平躺、解开衣领、头偏向一侧，注意保暖、观察；如遇呼吸、心跳停止者，要施行人工呼吸和体外心脏按压。边抢救边呼救，等待人防医疗救护专业队或急救站进一步救治。

注意：现场抢救不能轻易中止，务必坚持到医生到场后接替抢救。

触电事件发生后，应立即在现场设置警戒线，维护抢救现场的正常秩序，相关人员应当引导医生快速进入事件现场。

医生将触电者带离现场赴医院救治，事件调查和排险抢修工作完毕，现场已无事故隐患时，方可解除事件现场警戒线。

2. 热烧伤急救常识

火焰、开水、蒸汽、热液体或固体直接接触人体引起的烧伤都属于热烧伤。热烧伤的救护方法如下：

（1）轻度烧伤尤其是不严重的肢体烧伤，应立即用清水冲洗或将患肢浸泡在冷水中10~20 min，如不方便浸泡，可用湿毛巾或布单盖在患部，然后浇冷水，以使伤口尽快冷却降温，减轻损伤。穿着衣服的部位如烧伤严重，不要先脱衣服，否则易使烧伤处的水疱、皮肤一同撕脱，造成伤口创面暴露，增加感染机会。而应立即朝衣服上面浇冷水，待衣服局部温度快速下降后，再轻轻脱去衣服或用剪刀剪开再脱去衣服。

（2）若烧伤处已有水疱形成，则小水疱不要随便弄破，大水疱应到医院处理或用消过毒的针刺小孔排出疱内液体，以免影响创面修复，增加感染机会。

（3）烧伤创面一般不作特殊处理，不要在创面上涂抹任何有刺激性的液体或不清洁的粉或油剂，只需保持创面及周围清洁即可。较大面积烧伤用清水冲洗后，最好用干净纱布或布单覆盖创面，并尽快送往医院。

（4）火灾引起烧伤时，伤员着火的衣服应立即脱去，如果一时难以脱下来，可让伤员卧倒在地滚压灭火，或用水浇灭火焰。切勿带火奔跑或用手拍打，否则可能使得火借风势越少越旺，使手烧伤。也不可在火场中大声呼救，以免导致呼吸道烧伤。要用湿毛巾捂住口鼻，以防烟雾吸入导致窒息或中毒。

3. 人工呼吸

常用的人工呼吸方法为：直接口对口呼吸法：这是现场抢救中最简单、最适用的方法。因为正常人呼出气体中的含氧量足够纠正昏迷中病人的缺氧状态。

（1）口对口人工呼吸法的实施。将病人口唇分开，在口上盖一块纱布，用拇指和食指捏住病人的鼻孔，以免漏气。抢救者深呼吸一口气后对病人的口部吹入，直到看见病人胸部膨起为止。一次吹气后应立即与病人口部脱离，同时放开捏鼻孔的手，以便病人从鼻孔中呼气。看病人的胸部复原，倾听呼吸声，稍休息后再吹气，每分钟16~20次，并同时注意病人呼吸道是否畅通。进行人工呼吸时，应同时进行心脏挤压。一般每做一次人工呼吸，按压心脏3~4次。吹入的气体可能有一部分进入病人的胃内，造成胃膨胀，可轻轻压迫病人上腹部帮助气体排除。

（2）口对鼻人工呼吸法。当病人牙关紧闭，张不开口，一时又无法使其张开，或病人因脱齿、缺齿，口唇密闭不严紧，或口唇和口腔内有损伤者，可用口对鼻人工呼吸法。其操作方法与口对口呼吸法相同，差别在于不是对病人的口腔吹气，而是用手按住口唇，对准病人的鼻孔吹气。

人工呼吸还有挤压肋骨和伸展前臂等方法，但由于通气量较少，效果不好，最好采用上述两种方法，以免延误抢救时间。

在实施人工呼吸的过程中，如果被抢救者出现睫毛反射（轻触睫毛即引起瞬目反射）、有挣扎表现、有吞咽动作、开始喘息性呼吸或口唇、甲床由苍白变为红色，说明抢救已经产生效果。一般情况下呼吸停止与心跳停止相伴发生，因此应与心脏挤压同时

进行。另外，还要注意的是，进行人工呼吸时病人一定要仰卧位，头部要充分后仰，不要垫枕头，保持呼吸道通畅。

4. 止血

常用止血的方法主要有四种：

（1）加压包扎法。适用于较小的出血伤口。可用消毒敷料盖住伤口，再用绷带加压包扎，即可止血。

（2）手指压迫法。用手指压迫出血血管靠近心脏的一端，阻断血流，达到止血目的。但应注意的是压迫时间不宜过长，否则会导致组织供血不足。

（3）屈肢法。即利用关节极度弯曲，压迫血管达到止血目的。这种方法适用于肘、膝关节以下的肢体出血。如前臂或小腿出血时，可用肘窝或腿窝处放一棉垫，使关节极度屈曲，然后将前臂与上臂或小腿与大腿用绷带将其捆拢，达到暂时止血的目的。

（4）止血带法。适用于四肢较大血管的破裂出血。止血带要选用柔软有弹力的橡皮管、橡皮带、绷带或较宽的布带等，禁用电线、铝丝、细绳等物，以免造成组织损伤。大腿中部和上臂上1/3处是捆扎止血带的常用部位，一般在前臂和小腿处不结扎止血带。具体操作方法是，将伤肢抬高，使静脉血回流，在捆扎止血带的部位用棉花等柔软之物垫好，然后将止血带绕肢体两周打结。松紧要适度，以使出血停止为准。应注意的是，扎止血带的部位不要距出血处太远，止血带必须每隔30～60 min放松1～2 min，以免造成肢体坏死或缺血性肌挛缩等不良后果，严重的内出血患者要及时送往医院治疗。

第二部分

初级茶叶加工工操作技能

第3单元

加工准备

- 第一节　原料准备/63
- 第二节　设备、工具、场地准备/70

茶叶质量的高低，主要取决于鲜叶质量和制茶技术是否合理。鲜叶质量是形成茶叶品质的内在根据，制茶技术则是茶叶形、质转化的外在条件。制茶过程中，在一定的加工技术条件下，通过鲜叶内含的化学成分发生一系列的物理和化学变化，从而获得各种茶叶形、质所要求的品质特征。因此，要制出优良品质的茶叶，就必须了解鲜叶内含化学成分的性质和这些化学成分在制茶过程中的变化，才能采取适当措施，获得高产、优质、低耗的产品。掌握鲜叶的化学成分与茶叶品质的关系、鲜叶内含的化学成分发生的物理和化学变化的知识，是从事茶叶工作所必须具备和不可或缺的技能。

第一节 原料准备

→ 能够准备茶叶鲜叶
→ 能够准备精制原料——毛茶

一、初制原料（鲜叶）

鲜叶是茶树顶端新梢的总称。包括芽、叶、梗。鲜叶又称生叶、茶草、青叶等。鲜叶经过不同的制茶工艺加工之后，便形成各种不同品质特征的成品茶。将茶树鲜叶按一定工艺流程制成毛茶（或称初制茶）的加工过程称为初制过程。

茶叶初制用的鲜叶应无劣变、无异味，无其他植物叶、花和杂物，并符合 GB 2763—2005《食品中污染物限量》和 GB 2763—2005《食品中农药最大残留限量标准》要求。

1. 鲜叶外形特征

茶鲜叶的外部形态特征是指其外部表现。

（1）茶树品种。按其成熟叶片大小可分为：特大叶品种、大叶品种、中叶品种和小叶品种四类。叶片大小通过测量叶面积（叶长×叶宽×0.7）进行比较。

叶面积在 70 cm^2 以上为特大叶品种；叶面积在 40~69 cm^2 之间为大叶品种；叶面积在 21~39 cm^2 之间为中叶品种；叶面积在 20 cm^2 以下为小叶品种。

（2）物理特性。物理特性是指茶树新梢上芽叶的肥瘦、大小、叶色、叶质、叶片薄厚、柔软程度、嫩度、茸毛等特征和状态，它与成品茶的外形品质息息相关。

（3）化学特性。指芽叶中化学成分的含量和组成，形成茶叶色香味的物质基础。化学特性的测定一般按一芽三叶标准采集鲜叶，在 100℃下蒸 3 min，80℃下烘干制蒸青茶样品，然后将样品磨碎进行化学成分测定。

尽管茶树品种的化学特性受种植地区环境及栽培条件的影响较大，但同等条件下不同品种间的化学特性差异仍然明显。

生产实践表明，一般茶多酚含量高，且茶多酚与氨基酸的比值（简称酚氨比）大的品种，制红茶品质优；氨基酸含量高，茶多酚含量适宜（约 16%~24%），且酚氨比小的品种，制绿茶品质优。

（4）茶类适制性。茶类适制性是指品种固有的制约着茶叶品质的种性，也就是指茶树品种最适宜制作哪一类或几类优质茶的特性。茶树品种的茶类适制性简称适制性，它可以通过芽叶的物理特性观察和化学特性测定进行间接评估，这在茶树品种选育的早期尤其常用。

一般叶片小、叶张厚、叶质柔软、细嫩、色泽显绿、茸毛多的品种，制显毫类的绿茶，如毛峰、毛尖、银芽等名茶，易塑造出外形"白毫满披、银装素裹"的品质特色；

芽叶纤细、叶色黄绿或浅绿、茸毛少或中偏少的品种，制少毫型的龙井类扁形绿茶，如龙井茶等名茶，易形成外形扁平光滑、挺秀尖削、色泽绿翠、体表无毛的品质风格；而叶片大、节间长、芽头肥壮、芽叶黄绿色、茸毛多、叶面隆起、叶质软、叶张薄的品种，制红茶品质较好。

因此，茶树品种的适制性应作为生产上用种重点考虑的指标之一，只有选择适制性对路的茶树品种，才能生产出相应优质的茶类产品。

2. 初制原料（鲜叶）的总体要求

各类茶的原料标准是根据品类、级别档次分别制定的。不同品类，不同级别的茶要求的采摘标准也不同，但对鲜叶质量标准要求是相同的，即要求鲜叶老嫩一致、大小相同、匀净度好、新鲜度好。

3. 明显劣变和不合格鲜叶原料的识别

绿茶原料的保鲜是茶叶界长期悬而未决的问题，绿茶生产和销售的季节性特点是制约茶叶、茶叶企业产品质量和效益的重要因素。虽然大容量茶叶保鲜库等实用技术的研究和推广，基本缓解了成品茶的储藏问题。但在生产季节，绿茶原料的储存及"保鲜茶"出库后容易变质等问题仍亟待解决。采摘下树以后的茶叶鲜叶其活力并未就此终止，由于鲜叶中的化学成分水分、无机成分（灰分）和有机成分与空气中氧气的充分接触，其间的物理变化和化学变化是极为复杂的。在生产实践过程中，常因对茶叶鲜叶的处理、保管不当，导致茶叶鲜叶在未付制前就产生明显的劣变而成为不合格鲜叶原料。

鲜叶红变的原因有两个：一是高温，叶温超过35℃易红变；二是机械损伤，鲜叶机械损伤，在产生红变的同时，由于激烈氧化，叶温急升，加速劣变。

鲜叶在储藏过程中的香气变化，开始是清淡的类似兰花的香气，然后逐渐消失。正常的储藏则出现花果香。如果有叶面水，会产生难闻的水闷气。若堆放太厚，叶堆升温高，氧气不足，则可闻到难闻的酒气味。叶子红变稍重，就可闻到发酵气味。如果鲜叶堆放时间过长，碳水化合物大量消耗，蛋白质水解生成氨基酸和酰胺，然后转变为氨气，便可闻到腐败气味，这说明鲜叶已变质，失去了制茶价值，只能弃之做肥料。据有关资料显示，鲜叶在25℃条件下储藏3天就会腐败变质。

（1）鲜叶原料产生明显劣变的原因。鲜叶变质的主要原因是温度和时间，因此，鲜叶储藏室应保持阴凉，鲜叶薄摊，使叶子水分蒸发而降低叶温，鲜叶内含物的氧化所释放出来的热量也能随着水汽向空中散发。同时，鲜叶收回后，达到工艺要求时应及时加工，防止劣变。产生明显劣变的原因如下：

1）鲜叶采摘后储藏不当，叶堆过高，导致叶内温度过高，烧叶劣变。
2）鲜叶在运输过程中，环境温度过高，通风散热不够，运输时间太长造成劣变。
3）机械损伤叶没有及时处理造成的劣变等。
4）鲜叶没有得到及时加工处理，造成劣变，失去价值的。

明显劣变叶的一般特征：劣变原因不同，劣变叶色泽也有所不同，有的灰暗，有的明显变黄，有的则呈红褐色至黑色；气味上由鲜叶的清香变为酸馊味或其他异味；鲜叶失水过多，不能达到制作工艺所需的鲜叶水分含量的。

(2) 明显劣变鲜叶的处理

1) 发现鲜叶不正常时，先看其是否还有加工和饮用价值。若有，则可以适当降级处理或做其他茶类，如由于机械损伤过多造成红变的鲜叶不宜再制绿茶，但可以考虑加工成红茶。

2) 没有饮用价值或没有任何经济价值的则可以直接报废处理。

(3) 不合格鲜叶原料的处置。根据制茶工艺要求不同，鲜叶级别要求有差异。以制扁形芽茶为例，原料要求独芽率90%以上，少量一芽一叶初展，如果原料大部分为一芽一二叶，则此原料为不合格鲜叶原料，只能降级处理。

鲜叶级别能达到要求，但已明显劣变的叶仍视为不合格鲜叶原料，按劣变叶处理。

4. 明显非茶类夹杂物的预检和剔除

非茶类夹杂物包括石子、铁屑，其他植物的花果叶，装鲜叶的袋子上的线等。由于鲜叶采摘要求不严，老嫩混杂，含杂不同；采摘方法不同；茶园管理水平不同，鲜叶质量明显存在差异；茶树生长的自然环境不同；鲜叶采摘标准的较大差异；生产地区不同、生产习惯不同；收购人员审茶水平不同，收购习惯差异；生产季节不同等。这些都是产生和形成鲜叶中明显非茶夹杂物的重要原因。因此，必须将鲜叶进行预检，对其中混入的木梢、竹片、纸张、石子、泥沙、铁屑、茶籽等多种夹杂物进行剔除。

(1) 明显非茶夹杂物产生的原因

1) 采摘鲜叶所使用的盛装鲜叶工具用具和运输工具，是非专用的工具用具，且在装置茶叶鲜叶之前，盛装过其他非茶类物品，导致明显非茶夹杂物混入鲜叶内。

2) 置放茶叶鲜叶的场地未清扫干净，即将茶叶鲜叶随意地置放于未经铺设任何隔垫物的裸露的地面上，导致明显非茶夹杂物混入鲜叶内。

3) 收购场地和收购鲜叶时盛装鲜叶的容器损坏未及时修补复原或收购鲜叶时置放鲜叶的用具不洁净，导致明显非茶夹杂物混入鲜叶内。

(2) 对鲜叶进行预检。目前，对鲜叶进行预检主要还是依靠人工感官识别来完成的。这就要求检验人员具备较全面的茶叶鲜叶知识，发现有明显非茶夹杂物的情况，立即通知下一工序予以剔除。

(3) 剔除明显非茶夹杂物。鲜叶中明显的非茶夹杂物的剔除，一般情况下是通过收购环节发现并通知摊青、鲜叶维护、上料等环节依靠人工手拣作业手段完成的。

5. 鲜叶的搬运

鲜叶搬运是指按照加工要求将鲜叶摊放到指定加工场地以便及时加工的（长）短距离运输过程。鲜叶采摘后，有的是直接送往茶叶加工厂，并由茶厂设专职验收员对鲜叶进行验收，然后统一进厂储存付制；但有的茶厂，鲜叶的过秤、验收是在茶园中进行的，即直接到茶园收购鲜叶，再送回茶厂加工，鲜叶验收也在茶园进行。不论在茶园还是在茶厂验收，均应做到鲜叶验收、运输和储存过程中，不直接接触地面，以免受到地面微生物的污染。在茶园进行鲜叶验收时，鲜叶过秤、验收处应设在遮阳的地方，避免阳光直射。经验收、过秤收进的鲜叶，一定要用透气竹筐存放，竹筐大小要与运输车货箱相匹配。堆放鲜叶时，不要压实，堆放到八成满时即可，再叠上第二筐，装满车厢后要立即运往茶厂储存和摊放。

在进行手工鲜叶采摘时,要求盛装鲜叶的容器是可透气的竹篮或竹筐,不允许使用塑料袋或尼龙编织袋一类的不透气容器盛装鲜叶,以免鲜叶受闷发热变质,尤其是名优茶鲜叶的采摘更要注意这一点。当用机械进行鲜叶采摘时,从采茶机上卸下的装满鲜叶的盛叶袋,应及时转移到阴凉的存放处,避免阳光长时间曝晒引起鲜叶变质。

鲜叶搬运操作,往往会使鲜叶受到不同程度损伤。这种损伤是折伤或破碎或受压发生闷热,通常会在制作过程中,引起其自身的发酵作用,使鲜叶枯干或红变,即通称为"死叶",对制茶品质影响甚大,这是制作茶叶的大忌之事。

绿茶要求叶底黄绿,不能有红梗红叶,出现红梗红叶主要有两种原因:一是在采摘、搬运和摊凉时,鲜叶受到挤压、摩擦和破损所致,要求用竹篮盛装,不可挤压从而避免红梗、红叶。绿茶是最基本的茶类,在中国几乎所有的产茶区都生产绿茶,其产量、出口量均居第一。绿茶属于不发酵茶,其基本的加工工艺为杀青、揉捻(或不揉捻)、干燥,基本品质特征为青汤绿叶。如果鲜叶受损伤,处理起来就十分困难。所以,要取得品质良好的绿茶成品,应极力避免鲜叶受伤。

搬运鲜叶时的注意事项如下:

(1)盛装鲜叶的盛具及运输工具等应符合食品卫生要求。

(2)不得与有毒、有害物品同时装运。

(3)防止鲜叶变质和混入有毒、有害物质。

(4)采用清洁、通风性良好的竹编、网眼茶篮或篓筐盛装鲜叶。

(5)不允许使用饲料、化肥、农药袋和不透气的布袋、塑料袋盛装鲜叶。

(6)采下的鲜叶应采取措施防止鲜叶发酵而变味变色,并及时运抵加工地。

6. 鲜叶的摊放

(1)鲜叶摊凉的作用与目的

1)随着水分的蒸发,鲜叶发生轻微的理化变化,茶多酚、儿茶素发生轻度氧化,呈苦涩味的多酚类物质含量下降。由于蛋白质的水解作用,不溶性多糖及难溶性果胶也略有水解,使水浸出物和氨基酸增加。青臭气逐渐消失,一些香气物质芳香醇、香叶醇等随摊放过程而逐渐增加。

2)降低鲜叶水分,使叶质变软,减少细胞膨压,降低鲜叶的弹脆性,增强可塑性,有利于后期做形。

3)有利于形成干茶色泽嫩绿、表面光洁的品质特征。所用的鲜叶一般都是幼嫩的,含水率较高,且春季往往阴雨连绵,鲜叶常带有表面水,若不经过摊放,杀青时水蒸气大,杀青时间延长,易造成闷熟而导致色泽黄变及杀青叶之间或杀青叶与筒壁之间黏结,导致成品干茶颜色黑、团块多、茶叶表面粗糙不光滑。

4)缩短杀青时间,提高工效,降低成本,节约能源。

(2)摊青的方法。验收进厂的鲜叶,应严格按品种、产地、采摘时间、茶树长势和鲜叶级别等分别储存。储存的设备和方法有以下几种:

1)地面储存和摊放。茶区的农场和小型茶厂多使用这种方式进行鲜叶的摊放和储存。摊放鲜叶的场地要清洁、阴凉、透气,避免阳光直射。要摊在簟箪上,而不能直接在地面上摊放。在一般情况下,制大宗茶的鲜叶摊放厚度一般为 15~20 cm,最多不超过 30 cm，每平方米可摊放的鲜叶为 10~15 kg；制名优茶的鲜叶摊放厚度为 2~3 cm，每平方米篾簟可摊放的鲜叶为 2~3 kg。这种摊放方式的优点是设备投资少，但所需厂房面积较大。

2）帘架式储青。帘架式储青设备的主要结构可分为框架和摊叶网盘两部分。既可用木料加工，也可用不锈钢金属材料制成。框架用于放置摊叶网盘，一般有 5~8 层网盘可放，每层高度 30~40 cm。网盘边框一般用木料制成，底部为不锈钢丝网，深度约为 15 cm，鲜叶就摊在盘内。网盘可像抽屉一样从框架上自由推进和拉出，以便于放置和取出鲜叶。由于使用这种储青设备后，易引起储青间湿度和温度升高，因此可在储青间内安装空调或通风、除湿设备，以保证储放鲜叶的质量。这种储青设备结构简单、投资省、易于操作，可比地面摊放节约 70% 的厂房面积，并且可避免鲜叶与地面接触，清洁卫生，符合无公害茶加工要求。

3）储青槽储青。储青槽的基本结构是，在地面上开出一条长槽，两边留出放置孔板的缺口；槽前端装置低压轴流风机，槽底从前至后做出约 5° 逐步升高的坡度；槽面铺钢质孔板，孔板长 2 m、宽 1 m，一般用 4~5 块板连成一条槽，板上的通孔孔径大多为 3 cm，钢质孔板的孔面积率为 30% 以上。生产中槽面也有使用钢丝网或竹编网片结构的，但应注意支撑，以保证对鲜叶的承重，且避免操作人员等踩踏网板。储青槽中摊叶厚度可达 1.0~1.5 m，每平方米槽面可摊叶 100~150 kg，并且不需翻叶。为保证摊青时的散热，可用风机交替鼓风 20 min，停机 40 min，夜间或气温较低时，停机时间可适当加长，白天或气温较高时，则停机时间可缩短一些。储叶槽一般用于大宗茶的鲜叶储放。

4）车式设备储青。车式储青设备由鼓风机与储青小车组成，一台风机可串联几辆小车。小车一般长 1.8 m，宽和高各 1 m。小车的下部装有一块钢孔板，板下为风室，板上为储青室。风室前后装有风管，风管可与风机或其他小车风管相串联，管上装有风门。工作时风机吹出的冷风，通过风管、风室、孔板并透过叶层，吹散水汽，降低叶温，达到储青的目的。每车可储青叶 200 kg。付制时，拖下一辆小车，推至作业机械边，即可加工。这种储青设备机动灵活，使用较方便，一般大宗茶加工中使用较多。

（3）鲜叶摊放场地的要求

1）厂房、仓库地面要硬实、平整、光洁（至少应为水泥地面），厂区道路应铺设硬质路面，防止积水及尘土飞扬。

2）鲜叶的摊放地必须通风、干燥、清洁、阴凉，地面平整，有防鼠防禽离地设施，设专人管理，建立管理制度。远离具有污染源的地方，周围应清洁，不得有粉尘、有害气体、放射性物质和其他扩散性污染源。

3）设备设置符合工艺要求，布局合理，上、下工序衔接紧凑。加工设备直接接触茶叶的部件不得使用铅及铅锑合金、铅青铜、锰黄铜、铅黄铜等材料制造。

4）加工场地有满足加工要求的摊青设施、单独的加工房、晒场和库房，并配有相应的更衣、盥洗、照明、防蝇、防鼠、防虫、防家禽、污水排放、存放垃圾和废弃物的设施。车间进口处和车间内的适当地点应设置清洗设施。厕所有化粪池、保持洁净、无臭气。

5) 摊放场所要求清洁卫生、阴凉、空气流通、不受阳光直射,与周围隔离,防止家禽、老鼠等进入。

(4) 操作摊放要领

1) 鲜叶摊放要做到七分开,即不同品种、不同等级的鲜叶分开,晴天雨天叶分开,幼龄茶树与壮老茶树鲜叶分开,阴阳坡鲜叶分开,上下午鲜叶分开,正常与劣质的鲜叶分开,获得认证与未获认证的鲜叶分开。

2) 摊青时必须采取离地措施,茶叶不得直接与地面接触,应使用摊青设施。摊青设施材料可用竹木、不锈钢等食品生产常用材料建成,应光洁无污垢,使用前、后要及时清理干净。严禁将茶叶晾晒在不符合食品加工卫生要求的、有毒的、有异味的塑料制品和其他制品上。

3) 摊放以室内自然摊放为主,用鼓风方式缩短摊放时间。摊放过程中,尽量少翻,以免机械损伤。

4) 室内温度应保持在15℃,相对湿度90%,叶温控制在25~30℃,不能超过40℃。

5) 摊放厚度。为6~8 cm（0.5 kg/m²）,边缘厚中间薄,摊放均匀,少翻动,晴天空气湿度低,可适当厚摊,防止鲜叶失水过多,应提前加工,雨水叶露水叶及粗壮芽叶应适当薄摊,以便充分散失水分,避免渥黄。

6) 摊放时间。摊放时间视天气和原料而定,一般控制在4~6 h为宜,晴天、干燥天时间可短些,阴雨天应相对长些。原则上当天采摘的鲜叶当天加工完毕。操作人员应根据鲜叶进厂的理化特征做好纪录,随时检查在摊放中鲜叶的变化程度,定出加工顺序,防止鲜叶因摊放时间不足,形成不了最佳品质和因摊放过度,鲜叶发生变质,产生残次成品。

(5) 摊放的适度标准。摊放程度以叶面开始萎缩,叶质由硬变软,叶色由鲜绿转暗绿,青气消失,清香显露,摊放叶含水率降至68%为适度,颜色暗绿,无焦边,红梗,手握不粘手。若鲜叶呈紧张挺直状态,表示失水少,摊凉不足;若芽峰弯曲,叶片发皱,芽叶萎缩,表示失水过多,摊放过度。

二、精制原料（毛茶）

茶树鲜叶初制加工后形成的粗制品,大小不一,形状粗糙,外销红、绿茶的初级制品,统称为毛茶（这里只涉及普通的绿毛茶原料）,精制后才能成为成品茶。精制原料绿毛茶有烘青毛茶、炒青毛茶、晒青毛茶。

1. 精制用的毛茶原料必须符合的条件

(1) 符合该种茶叶的正常品质特征,无劣变、无异味。

(2) 不着色,无任何添加剂,无其他夹杂物。

2. 毛茶原料中明显霉、馊等有味茶的剔除

在毛茶精制时,如果发现毛茶原料中有明显霉变、馊酸味和有其他异味时,应该立即清理和剔除,避免对后续作业产生不良影响或造成不必要的人力、物力、财力的浪费和更大的损失。

(1) 毛茶原料中明显霉、馊等有异味茶产生的生产方面原因

1) 鲜叶采摘下树后摊凉不及时或摊凉过厚或摊凉时间太长、未及时付制导致鲜叶烧坏变味或开始趋于劣变。收购环节粗心大意，初制加工环节的加工原料验收关出现漏洞未能阻止不合格原料进入初制加工工序，毛茶验收入库关口再一次失守，导致其制成的干茶顺利入库留下品质质量隐患。

2) 初制加工环节在制品水分未达到储存标准，水分未经检测、毛茶验收入库未能发现和及时制止，毛茶存放和保管过程中，在适当的温、湿度条件和酶促作用下开始产生劣变，导致明显霉变和酸味、异味的产生。

3) 初、精制加工场所的加工条件、保管条件和卫生条件不能满足以及不能达到茶叶加工企业规定标准的要求。

(2) 保管不当引起茶叶品质变化的原因。茶叶在保管过程中，茶叶含水量的变化，温度、空气中的氧、光线会引起茶叶品质变化。

1) 茶叶含水量的变化。据研究，当茶叶含水量为3%时，在良好的条件下储存一年以上，绿茶色泽、滋味可与新茶相仿，超过6%就容易"陈化"。但现在制作加工名、优绿茶时，为了保持茶的外形美观，常常炒制的干茶含水量大多超过国际规定5.99%，如不采取措施就不易保持品质。另外，即使原含水量较低的茶，若敞放或无防潮包装，也会很快吸水，如原为含水量5.7%的干茶，分别放置在相对湿度为90%、80%、57%、42%、19%和2.5%的环境中两天，分别上升或下降到11.4%、9.1%、8.1%、6.3%、4.7%和2.3%。茶叶含水量的变化，是由于茶叶中的茶多酚、蛋白质、糖类、类酯物等都具有很强的吸水还潮性所决定的，所以，茶叶本身含水量高，是引起茶叶内含成分变质、"陈化"的主要因素。

2) 温度对茶叶质量的影响。据实验，干燥的茶叶在0℃以下保存，可使氧化变质变得缓慢，保存一年以上与新茶相差无几。反之，高温又能促使茶叶内部物质发生化学反应，温度越高，反应速度就越快。实验表明，温度每提高10℃，绿茶汤色和色泽的褐变速度可加快3～5倍。特别是在夏季7—8月间，气温高达40℃时，相对湿度较大，即使干燥避光储存，由于现在使用的茶叶包装大多没有隔热层，所以茶叶中的香气、色泽、滋味、形态均在发生变化。

3) 空气中的氧对茶叶质量的影响。空气中含有21%的氧，它很容易和其他物质相结合，发生氧化反应，从而使物质发生变化。茶叶与空气中氧结合后，其发生氧化反应的物质，主要是茶多酚中的儿茶素和维生素C等。尤其在高温、高湿、多氧条件下，氧化更快。氧化后转化为其他新的物质，结果使原来组成茶叶色、香、味的成分减少或不复存在。而一些不利于茶叶色、香、味的成分相继产生，使茶叶发生质变。

4) 光线对茶叶质量的影响。光线是一种热量，茶叶内在物质受到热的作用，可使其发生变化，从而使茶叶变质。实验证明，茶叶在透明的容器里放置10天，维生素C就会减少10%～20%。当茶叶在光波400 μm以下的紫外线照射下，就会引起化学反应，影响茶叶的质量，特别是高档绿茶对光反应更敏感、影响更大。叶绿素是绿茶色泽和叶底色泽的主要物质，叶绿素保留量高，色泽翠绿。绿茶在储放中约有40%的叶绿素转化为脱镁叶绿素时，茶叶的色泽仍然是翠绿的，但如有70%以上转化为脱镁叶绿

素时，就会出现显著的褐变。叶绿素的变化与光的照射，温度高低和茶叶本身含水量高低关系密切。

（3）茶叶吸附性强，易吸收异味。由于茶叶吸附性强，易吸收异味，再加上茶叶的香味成分大都是在加工中形成的，所以较不稳定，极容易自然发散或氧化变质，茶叶有吸湿性、吸附气味性和陈化性的特点，容易吸湿、吸附其他异味和陈化发霉。轻则降低饮用价值，重则根本不能饮用。茶叶里含有茶多酚、茶叶碱等多种成分，有吸附异味的作用，是天然的空气清新剂。红茶吸附异味的作用更强，一盆热水里放入 150 g 红茶，放在客厅（或是有异味的房间）中间位置，并且开窗透气，就能消除刺激性气味。

茶叶有"吸异"的特殊生物作用，就是吸附了其他物质分子，叫做茶叶的"吸异性"。这种生物特性正被国内外广泛使用。传统茶沏饮可吸附体内的病毒、油脂、胆固醇、自由基等，但因吸附的数量随吸附表面增大而增大，其作用并没有完全发挥出来。

（4）感官判断与处理。凡毛茶原料中明显霉变、馊酸等有异味的茶叶属于不能饮用的茶叶，已失去其实施后续作业的意义。若对其实施后续作业只能加重不良影响，造成更多的人力、物力、财力的浪费和更大的损失。

毛茶原料中明显霉变、馊酸等有异味的茶叶依靠感官判断就可以完成，处理此类无饮用价值茶叶的有效途径是焚毁。

3. 毛茶原料中非茶类夹杂物的剔除

毛茶原料中非茶类夹杂物包括石子、铁屑、其他植物的花果叶、装鲜叶的袋子上的线、经过初制加工过程还会出现制茶机械上的螺钉、垫圈等金属件。

毛茶原料中非茶类夹杂物的产生主要有两个渠道：一是鲜叶采摘的盛茶用具、置放鲜叶的场地、运送鲜叶的运输工具；二是初制加工过程置放鲜叶的盛茶用具、摊凉鲜叶的储青场地以及杀青工序、揉捻工序、干燥工序的场地不卫生及其机器设备螺钉的脱落。

毛茶原料中非茶类夹杂物的剔除除人工手拣外，主要依靠精制作业过程的分筛工序、抖筛工序、拣剔工序、风选工序来完成。

第二节　设备、工具、场地准备

→ 能够充分认识设备、工具、场地准备工作在茶叶加工过程中的地位和作用

→ 能够按照执行加工任务的要求完成设备、工具、场地准备的各项工作

一、设备准备

设备准备是茶叶加工过程中一项必不可少的日常工作，不仅对完成整个茶叶加工过程及其加工任务有着极其重要的关联作用，而且与保证茶叶在制品的品质质量有着密不可分的联系。

1. 清洁加工设备和辅助用具

科学技术含量越来越高的洁净化、现代化、机械化生产流水线作业形式是当今茶叶加工的主流。大宗类茶叶加工以机械化加工为主，名优茶的加工采用机械化与手工结合的方式，机械化加工的比重不断提高。绿茶加工的大部分工序需要加热，目前成本最低的燃料为煤和柴，有炉灶的设备要求将炉灶部分建在加工车间外，以避免煤、柴对茶叶的污染。提倡使用电、天然气、液化气和油作为燃料，降低燃料物质对大气的污染，尽可能少用柴作燃料，以保护森林。乌龙茶和红茶加工，有加热设备处，都应按上述要求安置炉灶。名优茶加工设备多为机炉一体化设备，炉灶直附在机器上。这类设备体积不大，搬运容易，回避燃料污染要困难些。一般应采用隔离法来解决，要求采用钢板或建筑材料炉灶与加工场地隔离，炉灶操作区和燃料存放区应单独设通道与车间外相通，防止搬运燃料和排除灰渣时对加工场地的污染。手工炒茶锅的炉灶与加工区也要隔离，隔离后应有联络窗或门，不妨碍茶叶炒制。

茶叶清洁加工设备的材料一般采用不锈钢、优质碳素钢等。由于茶对铜和铅的要求较高，所以必须注意防止铜和铅对茶叶的污染。有些材料含铅量较高，如铅及铅锑合金、铅青铜等，不能制造接触茶叶的部件。也不能用铸铝及铝合金制造加工茶叶的部件。与茶叶有强烈摩擦的部件，尽可能选用不锈钢材料制造。

对一些振动大、高噪声的加工设备应采取必要的防护措施。噪声较大的风机安装在加工车间外，以保证车间的噪声低于 80 dB。一些扬尘较大的工段应设计除尘设备，或将扬尘口设置在车间外内的粉尘浓度低于 10 mg/m^3。产生大量热量的工段要配有通风设备，加速空气的流通，改善劳动者的工作条件。电力设施要有醒目的标识，要有必备的触电保护装置，以保证安全用电。皮带传动必须有皮带防护罩，以保证操作者的人身安全。此外，加工厂要有消火栓、蓄水池等设施。

2. 茶叶加工卫生和管理要求

茶叶加工厂的卫生条件必须达到食品加工的要求，加工场地整洁、干净。无苍蝇、老鼠、蟑螂等，加工车间和仓库无虫害和鼠害。必须按有关规定，申办卫生许可证，每年必须进行例行的年检，随时接受卫生行政部门的监督检查。

茶叶加工、经营人员身体健康，不得患有传染性疾病，上岗前均应进行体检，持有健康合格证方能上岗。此外，从事茶叶生产的员工，必须经过茶叶知识的培训，了解制作茶叶的理论、加工、包装、储藏要求，并掌握一定的加工技术或操作技能。管理人员应参加系统培训，了解茶叶的发展形势和茶叶标准的要求，有效地组织茶叶的生产，建立跟踪管理制度。

建立加工车间的卫生管理制度。加工厂要设更衣室、洗手池，配备足够的工作服和工作鞋，出入加工车间应按要求更衣换鞋，杜绝外部的污染物通过操作人员带入车间内。车间内禁止抽烟、吐痰，进食食品。无关人员不得入内。

茶季开始前，应对加工厂进行全面的清洁。清扫加工场地，清除杂物，粉刷墙面，清除加工设备的防锈油和灰尘，清洗地面和加工用具。茶叶加工期间，做到在制茶叶不与地面接触，采用干净的竹席摊放加工的茶叶，用通气的容器盛装茶叶，以保证茶叶的清洁卫生。

做好加工记录。加工记录是茶叶跟踪管理的重要档案，是茶叶检查的重要内容，这一点往往被加工人员忽视加工记录。必须有专人负责记录加工情况，通常应记录生产日期、鲜叶的来源、数量和等级、加工成品的数量和质量、加工负责人以及品质等信息；并给每一个批次的产品编一个号，以便茶叶的流通、转移和运输，方便后阶段的管理和检查。加工记录是反映企业记录体系的重要内容之一。

为了保证茶叶的品质和可追溯性，每次加工的有机茶都需编以批号。

3. 消毒设施的准备

茶叶加工车间的面积、高度应当与生产能力和设备安置相适应。车间布局合理，符合工艺流程要求。

车间内墙壁、天花板使用易清洁的无毒、浅色、不易脱落的材料装修。车间地面应采用耐磨、防滑的坚固材料修筑，无裂缝，易于清洁。需要用水冲洗的车间，地面应有一定的坡度，不积水。

车间门窗结构严密，车间出入口及与外界相连的通风处应当安装防鼠、防蝇、防虫设施，卫生设施。

车间内的加工车间设有与生产车间相连的更衣室，其面积以及衣柜、鞋柜的数量要与生产人数相适应。个人衣物不得与工作服混放，避免污染。

车间有水冲装置、洗手设施。卫生间应当便于清洗消毒，并保持清洁。门窗不得直接开向车间，门能自动关闭，通风合理。

在车间入口处及车间适当的位置应设置洗手消毒、干手设施。洗手消毒设施用的水龙头应当是非手动开关。车间入口处的洗手水龙头数量应当与生产人员数量相匹配。生产车间应通风良好。采用机械通风的，进风口应当距地面 2 m 以上，并远离污染源和排风口，开口处应设防护罩。通风系统的设计和安装应当符合易于养护和清洁的要求。

车间有充足的自然采光或者人工光源，光源以不改变被加工物的本色为宜。生产车间的照明强度应当满足生产检验需要，照明设施应装有防护罩。

每年进行一次涵盖茶叶加工过程各个方面的卫生风险评估，根据评估内容，配备适当的卫生设施及用具，制定卫生操作程序。所有操作人员应接受茶叶加工卫生方面的健康检查和培训教育，所有加工设备、人员都应处于有效卫生控制状态之下。

4. 加工设备安全、正常运行的检查

各种适合不同风格名茶加工的名优茶加工机械，如扁形茶、针形茶、条形茶等，特别是扁形名优茶多功能机的问世，对扁形名优茶的迅速崛起起到了极大的推进作用。十多年以来，主产茶区推广各种名优茶机械近十万台（套），这一举措将机制名优茶比例大大上升。目前，越来越多的茶叶加工企业对先进的茶叶加工设备的需求量有增无减，且呈现出方兴未艾的势头，这是茶叶事业蓬勃发展、繁荣兴旺的象征。但是，由于茶叶企业处于实际操作岗位的一线员工的操作技能及平均素质偏低，距完全掌控和驾驭现代化机械设备的技能有一段距离，因此在使用现代化机械设备的过程中仍存在许多问题，应引起足够重视。

（1）机器设备（包括测量设备）的整理、整顿和环境要求。建立机器、设备的责任保养制度（包括机器、设备的一级保养、二级保养制度），并定期检查机器、设备润滑系统、油压系统、空压系统、电气系统等；每一台设备都要有保养记录，设备使用者及管理者均需作明确标示。

检查注油口、油槽、水槽、配管及接口、各给油部位。

检查电器控制开关紧固螺钉，检查指示灯、转轴等部位是否完好。

对松动的螺栓要马上加以紧固，补上不见的螺钉、螺母等配件。

对需要防锈保护或需要润滑的部位，要按照规定及时加油保养。

更换老化或破损的水管、气管、油管。清理堵塞管道。

检查跑、漏、滴、冒的原因，并及时加以处理。

更换或维修难以读数的仪表装置。

添置必要的安全防护装置（如防压鞋、绝缘手套等）。

要及时更换绝缘层已老化或被老鼠咬坏的导线。

（2）加工设备安全、正常运行的检查注意事项

1）操作人员必须经厂方或职能单位培训，方可上机操作。

2）开机操作前，需仔细阅读使用说明书，严禁凭经验开机操作并加工茶叶。

3）接入电源之前茶机需可靠接地，并检查漏电保护器。

4）开机前需检查锅内有无杂物，炒板各活动部件螺钉有无松动，特别要检查保险杆（安全装置）是否灵活可靠，离合操纵杆是否正常。

5）操作时不宜穿宽松拂袖衣服，以防发生意外，长发者需戴安全帽。

6）严禁在过度疲劳状态下继续操作机器，切记安全重于泰山。

7）机器转动时，禁止把手伸入转动区域（锅内）。在茶叶加工过程中，确需中途取样察看时，应停机取样，以防发生意外。

8）遇突然停电，需立即关掉电机开关，分开离合操纵杆，待确认后方可清理锅内茶叶。

9）机器上禁止摆放物品，包括工具、茶杯之类等杂物，以防振动引起物品掉入锅内，造成不必要的麻烦以及事故。

10）机器使用完毕（炒制结束）要分开离合器，关掉电动机及电热开关，然后切断总电源（闸刀）。

（3）设备安全、正常运行的检查制度

1）加强机械设备管理，提高设备完好率、利用率，充分发挥设备效能，保证安全、经济运行。

2）坚持"安全第一、预防为主"的方针，建立健全机械设备安全生产制度。经常进行安全生产教育、检查，采取有效措施，确保安全生产。

3）对机械设备进行定期保养，做到不拖保、不失保，不带病运行，保持机械设备技术状况良好。

4）机械设备操作人员必须熟练掌握机械设备的构造原理和性能，做到用好、管好、保养好、会使用、会检查、会保养、会维修。

5）机械设备停驶、使用时，要做好清洁、润滑、密封和防水工作，防止锈蚀、丢失而造成损失。

6) 建立健全各种机械设备的台账和技术档案。
7) 正确及时地填写各种机械设备的管理报表。

二、工具用品准备

制茶工具的准备，是茶叶加工过程中一项不可缺少的日常工作。它是由承担制茶任务的各道工序独立完成的。

1. 常用工具的准备

除制茶的机械设备外，制茶的工具包括盛装鲜叶的竹筐、撮箕，上料用的不锈钢盆、碗，清扫制茶设备用的小棕刷、棕扫帚，清扫制茶场地的棕扫把，筛分茶叶的各号竹筛、竹簸箕等辅助工具。

2. 制茶人员工作装和清洁准备

(1) 更衣室管理

1) 生产员工在进入生产场所之前必须按规定更衣。
2) 生产岗位的劳保用品穿戴要求：名茶生产车间员工必须穿戴工作服、工作帽、口罩等；大宗茶生产：员工必须穿戴工作服、工作帽；生产员工的工作鞋、口罩、手套不得穿出生产车间；生产员工必须保证劳保用品及其各自更衣柜的清洁；工作鞋的清洗和更衣间的卫生按轮流值班表执行；更衣间的消毒灭菌工作下班后统一实施。

(2) 人员卫生管理

1) 进入车间人员，应穿戴整洁的工作服、帽和鞋，并按规定洗手消毒。生产人员应保持个人卫生，不得将与生产无关的物品带入车间，不准佩戴首饰、手表，不得化妆。
2) 接触过污染物后，应重新洗手消毒。
3) 工作服、鞋帽不得穿戴出车间，应定期统一清洗、消毒。
4) 禁止在加工场所内饮食、吸烟、吐痰及其他可能对茶叶加工造成污染的行为。
5) 进入车间的其他人员（包括参观人员）均应遵守本规范要求。

(3) 洗手、消毒程序

1) 生产员工上班工作前、入厕后完成规定的劳保用品穿戴后必须洗手消毒。
2) 洗手时，先用清水冲洗手至手关节以下部分。
3) 抹洗手液，搓手不少于 1 min，清水冲洗至手净。
4) 抹 75% 乙醇液消毒，冲洗后，用干手器（或毛巾）干手。

3. 日常计量器具的准备

(1) A 级计量器具。最高计量标准器，主要用于量值传递。重要计量仪器，主要用于检测产品的 A 类质量特性，按照国家规定的准确度等级，作为检定依据用的计量器具。用于贸易结算、安全防护、医疗卫生、环境监测方面，列入国家强制检定目录的工作计量器具。

A 类计量器具应严格进行管理，建立计量器具管理台账和档案，定期清点核实，保证账、物一致。

列入强制检定、维护范围，拟订周期检定计划、维护计划，定期经本计量部门、上级计量部门和计量器具厂商检定维护。要 100% 完成检定，维护确认。

对 A 类计量器具的使用资质进行明确，杜绝无资质使用状况。

对 A 类计量器具在合格期内的使用状况进行监督，定期归入其档案。

（2）B 级计量器具。内部能源、物资核算的工作计量器具。生产工艺、工序过程参数和质量状态控制的各种工作计量器具和标准物质。产品检验、测量和试验用的工作计量器具，如测微类、游标类、表类量具和专用量具。用于检测产品 B 类质量特性的各种检测仪器。用于内部，满足产品工艺参数比较测量用的标准实物样件。

对 B 级计量器具应重点进行管理，建立计量器具管理台账，确保账、物、证一致。列入计量器具周期检定计划，按期开展周期检定工作，要 98% 完成检定确认。对计量器具的使用过程加强监督，定期巡校，确保在用计量器具状态良好。

每月对计量器具（量具）周检状况进行计量考核。加强对计量器具的采购、入库、领用、检定、报废全过程进行监控。不断对计量器具的使用人员进行计量培训，对特殊关键工序人员进行重点培训。

（3）C 级计量器具。生产设备上配套的、不易拆卸的、仅起指示作用的各种指示仪表。一般盘装表和监测用的计量器具，对产品测量无直接影响。生产、生活等方面所使用的无精度要求的计量器具。低值易耗的计量器具以及一般测量辅助器具。

对 C 级计量器具，由于其变动性大、损坏更新频繁，根据使用要求实施如下管理：根据使用要求，入库或使用前抽样，或整批抽样，实行一次性检定或确认。

以分供方产品合格证为依据，不再进行检定。

有特殊要求但不能自行检验时，委托上级计量测试部门进行检验。

用户有要求，实行有效期标识管理，贴上相应标识。

茶叶加工厂所有设备和用具应能便于清洗和维护，能防止润滑剂、燃料、金属碎片、污水等对茶叶的掺杂。茶叶接触面应耐腐蚀并维护良好，防止茶叶受任何来源的污染。设备和器具上的仪器和仪表应准备并维护良好，并有相关检测规程。

三、场地准备

茶叶加工场地按照茶叶加工过程的不同有初制加工场地、名茶加工场地和精制加工场地。无论哪一个加工过程对茶叶加工场地的卫生要求及环境条件要求是基本一致的，名茶加工场地较之初制加工场地和精制加工场地的卫生要求及环境条件要求更高一些。

1. 清洁加工场地

（1）工作环境卫生制度厂区内的要求

1）闲人勿入，禁止饲养牲畜。

2）无裸土，无积水，场地清扫时不得尘土飞扬。

3）不定期进行除虫灭害工作，防止虫害的聚集和滋生。

4）物资放置整齐，垃圾放入密闭的垃圾箱。

5）排水系统畅通，能防止水源污染和鸟类、昆虫的潜入。

（2）生产区内的要求

1）非生产有关人员不得进入生产区。

2）进入生产区内的人员必须按规定着装和消毒。

3) 生产车间光线充足，照明系统完好，灯罩完好。
4) 排风扇运行良好。
5) 物料、机具放置整齐，标识清晰。
6) 生产废弃物应倒在垃圾箱内。
7) 经常保持车间整洁，产品、原材料及设备等摆放整齐。
8) 每班上、下班前打扫卫生，每周星期六大扫除一次。

（3）消毒灭菌卫生

1) 紫外光杀菌灯安装地点：男女更衣间、茶叶生产车间。
2) 有关紫外光杀菌灯的使用必须遵守以下规定：紫外光杀菌灯由生产主管专人操作，其他人员严禁操作；开灯时间为生产部职工下班，确保室内无人后；开灯时，注意观察灯的状况，有异常通知处理，正常后方能开灯；关灯以后在正常开灯一小时后关灯；有紧急事务需要进入时，必须先由生产主管关灯，有关人员方能进入；生产性用具在生产车间的消毒灭菌时一起进行。

（4）工作环境卫生检查

1) 每班生产前打扫卫生。
2) 每周星期六大扫除一次，包括门窗、墙壁、机具、灯具、劳保用品等的清洗。
3) 工作开始之前，员工必须按工作需要穿戴好劳保用品，直至离开工作场地。
4) 劳保用品的穿戴情况由企业办公室和质管部不定期进行抽查。

2. 在制品存放场地的安排

在制品的整理、整顿和环境要求：严格规定在制品的存放数量和存放位置，确定工序交接点、生产线和生产线之间的中断点所能允许的在制品标准存放量和极限存放量，指定这些标准存放量的放置边界、限高、占据的台车数、面积等，并有清晰的标示以便众所周知。在制品堆放整齐，先进先出。

在生产现场堆放的在制品，包括各类载具、搬运车、栈板等，要求始终保持叠放、摆放整齐，边线相互平行或垂直于主通道，既能使现场整齐美观，又便于随时清点，确保在制品"先进先出"。

放置垫板或容器时，应考虑到搬运的方便，有可能时，要利用传送带或有轮子的容器来搬动。

在制品存放和移动中，应有缓冲材料将在制品间隔以防碰撞，堆放时间稍长的要加盖防尘盖，不可将在制品直接放在地板上。

四、注意事项

茶叶加工的设备、工具、场地准备是茶叶加工过程的日常性工作，是现场管理工作的重要内容之一。它的主要内容是定置管理。

定置管理是对物的特定的管理，是其他各项专业管理在生产现场的综合运用和补充。企业在生产活动中，研究人、物、场所三者关系的一门科学。它是通过整理，把生产过程中不需要的东西清除掉，不断改善生产现场条件，科学地利用场所，向空间要效益；通过整顿，促进人与物的有效结合，使生产中需要的东西随手可得，向时间要效益，从而实现生产现场管理规范化与科学化。

定置管理中的"定置"不是一般意义上字面理解的"把物品固定放置",它的特定含义是:根据生产活动的目的,考虑生产活动的效率,质量等制约条件和物品自身的特殊的要求(如时间、质量、数量、流程等),划分出适当的放置场所,确定物品在场所中的放置状态,作为生产活动主体人与物品联系的信息媒介,从而有利于人、物的结合,有效地进行生产活动。对物品进行有目的、有计划、有方法的科学放置,称为现场物品的"定置"。

定置管理的作用既是工厂管理的重要内容,也是不需要投入很多人力、物力、和财力就能提高工作效率的有效途径之一。定置管理是根据安全、品质、效率、效益和物品本身的特殊要求,科学地规定物品置放在特定位置。

1. 人与物的关系

在工厂生产活动中,构成生产工序的要素有五个,即原材料、机械、工作者、操作方法、环境条件。其中最重要的是人与物的关系,只有人与物相结合才能进行工作。

(1) 人与物的结合方式。人与物的结合方式有两种,即直接结合与间接结合。直接结合又称有效结合,是指工作者在工作中需要某种物品时能够立即得到,高效率地利用时间。间接结合是指人与物呈分离状态,为使其达到最佳结合,需要通过一定信息媒介或某种活动来完成。

(2) 人与物的结合状态。生产活动中,主要是人与物的结合。但是人与物是否有效地结合取决于物的特有状态,即 A、B、C 三种状态。A 状态是物与人处于有效结合状态,物与人结合立即能进行生产活动。B 状态是物与人处于间接结合状态,也称物与人处于寻找状态或物存在一定缺陷,经过某种媒介或某种活动后才能进行有效生产活动的状态;C 状态是物与现场生产活动无关,也可说是多余物。

2. 场所与物的关系

在工厂的生产活动中,人与物的结合状态是生产有效程度的决定因素。但人与物的结合都是在一定的场所里进行的。因此,实现人与物的有效结合,必须处理好场所与物的关系,也就是说场所与物的有效结合是人与物有效结合的基础,从而产生了对象物在场所中的放置科学——"定置"。

(1) 定置。定置与随意放置不同,定置即是对生产现场、人、物进行作业分析和动作研究,使对象物按生产需要、工艺要求而科学地固定在场所的特定位置上,以达到物与场所有效地结合,缩短人取物的时间,消除人的重复动作,促进人与物的有效结合。

(2) 场所的三种状态。即良好状态、改善状态、改造状态。

1) 良好状态。即场所具有良好的工作环境、作业面积、通风设施、恒温设施、光照、噪声、粉尘等符合人的生理状况与生产需要,整个场所达到安全生产的要求。

2) 改善状态。即场所需要不断改善工作环境,场所的布局不尽合理或只满足人的生理要求或只满足生产要求或两者都未能完全满足。

3) 改造状态。即场所需要彻底改造,场所既不能满足生产要求、安全要求,又不能满足人的生理要求。

(3) 场所的划分。在生产过程中,根据对象物流运动的规律性,便于人与物的结合和充分利用场所的原则，科学地确定对象物在场所的位置。

1）固定位置。即场所固定、物品存放位置固定、物品的信息媒介固定。用三固定的技法来实现人、物、场所一体化。此种定置方法适用于对象物在物流运动中进行周期性重复运动，即物品用后回归原地，仍固定在场所某特定位置。

2）自由位置。即物品在一定范围内自由放置，并以完善信息、媒介和信息、处理的方法来实现人与物的结合。这种方法应用于物流系统中不回归、不重复的对象物，可提高场所的利用率。

3. 人、物、场所与信息的关系

生产现场中众多的对象物不可能都同人处于直接结合状态，而绝大多数物同人处于间接结合状态。为实现人与物的有效结合，必须借助于信息媒介的指引、控制与确认。因此，信息媒介的准确可靠程度直接影响人、物、场所的有效结合。信息媒介又分确认信息媒介和引导信息媒介两类，每类信息媒介又各有两种媒介物。

（1）引导信息媒介物。即是人们通过信息媒介物，被引导到目的场所，如位置台账、平面布置图等。

（2）确认信息媒介物。人们通过信息媒介物确认出物品和场所，如场所标识、物品名称（代号）等。

五、相关知识

1. 制茶辅助工具和材料的功用

按茶叶加工需要，准备好充足的制茶用液化石油气、煤、柴等燃料，准备好制茶机专用油等辅助材料，准备好制茶专用的搬运小车、竹编茶具等用具。

2. 基本计量知识

计量器具是指能用以直接或间接测出被测对象量值的装置、仪器仪表、量具和用于统一量值的标准物质。

计量器具广泛应用于生产、科研领域和人民生活等各方面，在整个计量立法中处于相当重要的地位。因为全国量值的统一，首先反映在计量器具的准确一致上，计量器具不仅是监督管理的主要对象，而且是计量部门提供计量保证的技术基础。

（1）按结构特点分类，计量器具可以分为以下三类：

1）量具。即用固定形式复现量值的计量器具，如量块、砝码、标准电池、标准电阻、竹木直尺、线纹米尺等。

2）计量仪器仪表。即将被测量的量转换成可直接观测的指标值等有效信息的计量器具，如压力表、流量计、温度计、电流表、心脑电图仪等。

3）计量装置。即为了确定被测量值所必需的计量器具和辅助设备的总体组合，如里程计价表检定装置、高频微波功率计、校准装置等。

（2）按计量学用途分类，计量器具也可以分为以下三类：

1）计量基准器具。

2）计量标准器具。

3）工作计量器具。

第4单元

主要加工过程控制

- 第一节　基本茶类绿茶工艺控制/81
- 第二节　设备操作与维护/112
- 第三节　在制品茶的质量控制/120

本单元所介绍的茶叶制造主要工艺技术过程控制,是茶叶制造实际工作中不可缺少的重要环节,在茶叶制造过程中应用十分广泛,特别是在多茶类的地区和生产多茶类的加工厂尤为常见。因此,熟悉和掌握茶叶主要加工过程控制,有利于提高工艺技术、技能和实际操作水平,解决实际工作中发生的一般性技术故障,顺利地完成本工序与上、下工序的交接,保持生产现场正常的工作秩序,提高工作效率,实现规范化、连续化、洁净化、自动化的茶叶加工现代化操作与控制水平。对从事本职业或准备从事本职业的初级阶段的学习者而言,茶叶制造工艺技术控制更是不可或缺。

主要加工过程控制

第一节 基本茶类绿茶工艺控制

→ 能够熟练掌握本工序的工艺技能和实际操作技能
→ 能够顺利完成本工序与上、下工序的交接过渡

一、形成绿茶的基本过程

绿茶的加工可简单分为杀青、揉捻和干燥三个步骤，其中关键在于初制的第一道工序，即杀青。鲜叶通过杀青，酶的活性钝化，内含的各种化学成分基本上是在没有酶影响的条件下，由热力作用进行物理化学变化，从而形成了绿茶的品质特征。

1. 绿茶概述

绿茶是历史上最早的茶类。古代人类采集野生茶树芽叶晒干收藏，可以看做是广义上绿茶加工的开始，距今至少有3 000多年。但真正意义上的绿茶加工，是从公元8世纪发明蒸青制法开始，到12世纪又发明炒青制法，绿茶加工技术已比较成熟，一直沿用至今，并不断完善。

绿茶为我国产量最大的茶类，产区分布于各产茶省、市、自治区。其中以浙江、安徽、江西三省产量最高，质量最优，是我国绿茶生产的主要基地。在国际市场上，我国绿茶占国际贸易量的70%以上，销区遍及北非、西非各国及法、美、阿富汗等50多个国家和地区。在国际市场上，绿茶销量占内销总量的1/3以上。同时，绿茶又是生产花茶的主要原料。

绿茶又称不发酵茶。以适宜茶树新梢为原料，经杀青、揉捻、干燥等典型工艺过程制成的茶叶。因其干茶色泽和冲泡后的茶汤、叶底以绿色为主调而得名。

绿茶的特性较多地保留了鲜叶内的天然物质。其中茶多酚、咖啡碱保留鲜叶的85%以上，叶绿素保留50%左右，维生素损失也较少，从而形成了绿茶"清汤绿叶，滋味收敛性强"的特点。科学研究结果表明，绿茶中保留的天然物质成分，对防衰老、防癌、抗癌、杀菌、消炎等均有特殊效果，为其他茶类所不及。

中国绿茶中，名品最多，不但香高味长、品质优异，而且造型独特，具有较高的艺术欣赏价值。绿茶按其干燥和杀青方法的不同，一般分为炒青、烘青、晒青和蒸青绿茶。

(1) 炒青绿茶。由于在干燥过程中受到机械或手工操力的作用不同，成茶形成了长条形、圆珠形、扁平形、针形、螺形等不同的形状，故又分为长炒青、圆炒青、扁炒青等。长炒青精制后称眉茶，成品的花色有珍眉、贡熙、雨茶等，各具不同的品质特征。

在炒青绿茶中，根据制茶方法不同，又有特种炒青绿茶，为了保持叶形完整，最后工序常进行烘干。其茶品有洞庭碧螺春、南京雨花茶、金奖惠明、高桥银峰、韶山韶

单元 4

峰、安化松针、古丈毛尖、江华毛尖、大庸毛尖、信阳毛尖、桂平西山茶、庐山云雾等。如产于江苏吴县太湖的洞庭山的洞庭碧螺春，外形条索纤细、匀整，卷曲似螺，白毫显露，色泽银绿隐翠光润；内质清香持久，汤色嫩绿清澈，滋味清鲜回甜，叶底幼嫩柔匀明亮。

（2）烘青绿茶。用烘笼进行烘干。烘青毛茶经再加工精制后大部分作熏制花茶的茶坯，香气一般不及炒青高，少数烘青名茶品质特优。以其外形又可分为条形茶、尖形茶、片形茶、针形茶等。条形烘青，全国主要产茶区都有生产；尖形、片形茶主要产于安徽、浙江等省市。其中特种烘青主要有黄山毛峰、太平猴魁、六安瓜片、敬亭绿雪、天山绿茶、顾渚紫笋、江山绿牡丹、峨眉毛峰、金水翠峰、峡州碧峰、南糯白毫等。如黄山毛峰产于安徽歙县黄山，外形细嫩稍卷曲，芽肥壮、匀整，有锋毫，形似"雀舌"，色泽金黄油润，俗称象牙色，香气清鲜高长，汤色杏黄清澈明亮，滋味醇厚鲜爽回甘，叶底芽叶成朵，厚实鲜艳。

（3）晒青绿茶。用日光进行晒干。主要分布在湖南、湖北、广东、广西、四川，云南、贵州等省有少量生产。以云南大叶种品质最佳，称为"滇青"，其他如川青、黔青、桂青、鄂青等品质各有千秋，但不及滇青。

（4）蒸青绿茶。以蒸汽杀青是我国古代的杀青方法。唐朝时传至日本，相沿至今，而我国则自明代起即改为锅炒杀青。蒸青是利用蒸汽量来破坏鲜叶中酶活性，形成干茶色泽深绿、茶汤浅绿和茶底青绿的"三绿"品质特征，但香气较闷带青气，涩味也较重，不及锅炒杀青绿茶那样鲜爽。由于对外贸易的需要，我国从20世纪80年代中期以来，也生产少量蒸青绿茶。主要品种有恩施玉露，产于湖北恩施；中国煎茶，产于浙江、福建和安徽三省。

2. 绿茶形成过程

鲜叶形成绿茶，主要是运用机械物理作用，采用"杀青→揉捻（造型）→干燥"的工艺控制，运用感官（眼、耳、鼻、手）互动掌握其程度，使其鲜叶外形和内质发生变化，形成绿茶要求的外形要条索紧直、匀整、不断碎、色泽翠绿、鲜润，内质要香气清香或栗香高长、持久，汤色清澈、黄绿明亮，滋味浓醇爽口，叶底嫩绿明亮，无红梗红叶、焦斑、生青及闷黄叶的品质特征。

二、绿茶初制

1. 绿茶初制机具

茶叶初制机械一般有七大类产品，主要有揉捻机、杀青机、炒干机、红茶萎凋炉、烘干机、解块机等，以及少量的成套设备和精制茶机。绿茶初制机具的品种、型号、机型、机械性能、技术成熟程度、热能的选用等都大同小异，但也有各种各样的区别。所以，选择初制机具时，要根据加工制作不同特征的绿茶产品系列的需要，选择不同的绿茶初制机具。下面举实例分别加以介绍。

6CD—911型茶鲜叶表面脱水机如图4—1所示，适用于采摘后的鲜茶叶表面脱水。通过脱水可提高制茶工效30%以上，提高茶叶品质，是各初制茶厂必备的一种理想机械，其主要参数见表4—1。

图 4—1　6CD—911 型茶鲜叶表面脱水机

表 4—1　　　　　　　　6CD—911 型茶鲜叶表面脱水机参数

型号	台时产量（kg/h）	配用电机（kW）	外形尺寸（长×宽×高）(mm)
离心旋转式	300	0.55	700×700×850

6CSM—30、40 型名茶杀青机如图 4—2 所示，主要适用于名优茶的杀青作业。通过该机所制的杀青叶，叶张完整，匀透一致，无红梗红叶，无焦边爆点，具有色绿、香高、品质稳定、操作方便、连续生产的特点，其主要参数见表 4—2。

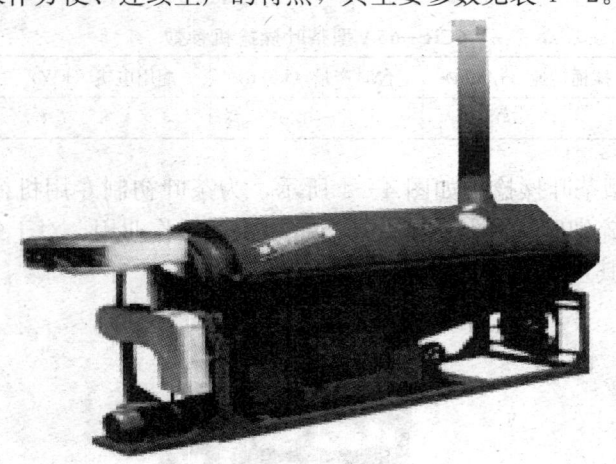

图 4—2　6CSM—30、40 型名茶杀青机

表 4—2　　　　　　　　6CSM—30、40 型名茶杀青机参数

型号	6CSM—30	6CSM—40
滚筒直径（mm）	300	400
转速（r/min）	32～36	29～34
台时产量（kg/h）	25～30	70～85
配用电机（kW）	0.37	0.55
外形尺寸（长×宽×高）(mm)	2 000×550×1 000	2 600×700×1 450

6CR—65A 型茶叶揉捻机如图 4—3 所示，该机采用新龙门加压装置，设计合理，牢固可靠，为国内首创。产品适用各大、中型初制茶厂的揉捻作业，其主要参数见表 4—3。

图 4—3　6CR—65A 型茶叶揉捻机

表 4—3　　　　　　　　　6CR—65A 型茶叶揉捻机参数

揉桶（mm）	揉桶转速（r/min）	台时产量（kg/h）	配用电机（kW）	外形尺寸（mm）
650×450	45～50	80～180	3	1 495×1 333×1 486

浙茶绿—265 型茶叶揉捻机如图 4—4 所示，为茶叶初制专用机械之一，用于将杀青叶揉捻成条并破碎细胞达到制茶工艺要求，以供炒干作业用。对于条形红茶的揉捻作业，也同样适宜，其主要参数见表 4—4。

图 4—4　浙茶绿—265 型茶叶揉捻机

表4—4　　　　　　　　　　浙茶绿—265型茶叶揉捻机

揉桶（直径×高）(mm)	揉桶转速（r/min）	台时产量（kg/h）	配用电动机（kW）	外形尺寸（长×宽×高）(mm)
650×500	42～46	80～180	3	1 495×1 333×1 486

6CJM—12型名茶解块机如图4—5所示，适用于高档名优茶解散茶团作业，以提高茶叶品质。

6cfj—70型鲜叶分级机如图4—6所示，适用于名茶鲜叶的分级，具有符合制茶工艺、不伤叶、噪声小、效率高等特点。

图4—5　6CJM—12型名茶解块机　　　　　图4—6　6cfj—70型鲜叶分级机

6CSM—50、60、80型杀青理条机如图4—7所示，适用于名优高档茶的杀青、理条作业，所杀青叶匀透一致，无焦边爆点，无红梗红叶，具有色绿、香高、理条时条索紧细、品质稳定、操作方便等特点，其主要参数见表4—5。

图4—7　6CSM—50、60、80型杀青理条机

表 4—5　　　　　　　　　6CSM—50、60、80 型杀青理条机参数

	6CSM—50 型	6CSM—60 型	6CSM—80 型
滚筒直径（mm）	500	600	800
转速（r/min）	30	28	28
台时产量（kg/h）	15~25	35~65	75~95
配用电动机（kW）	0.37	0.75	0.75
外形尺寸（长×宽×高）(mm)	1 000×600×1 000	1 450×900×1 600	1 600×1 000×1 700

　　6CH—941 型碧螺春烘干机如图 4—8 所示，该机具有透气性好、水分散发快、无异味污染的特点，适用于烘制碧螺春、毛峰及高档名优绿茶。所烘制的名优茶色泽翠绿、汤色绿明，香味清爽、叶底明亮，品质明显优于多层烘干机烘制的茶叶。该机同时可用于窨制高档花茶复火及食品、中药材的烘干作业，其主要参数见表 4—6。

图 4—8　6CH—941 型碧螺春烘干机

表 4—6　　　　　　　　　6CH—941 型碧螺春烘干机

料斗直径（mm）	热风温度（℃）	台时产量（kg/h）	配用电动机（kW）	外形尺寸（长×宽×高）(mm)
48	>120	15~20	1.1	4 350×600×1 100

　　6CCH—63 型电炒锅如图 4—9 所示，本锅适用于炒制龙井、旗枪、碧螺春、眉茶和青茶等手工炒制的茶叶。热源采用电加热。

　　6CPC—100 型瓶式炒干机如图 4—10 所示，是绿茶初制机械之一。用于复二青或炒干作业，起蒸发水分、理条、紧条及干燥作用，其主要参数见表 4—7。

图 4—9　6CCH—63 型电炒锅

图 4—10　6CPC—100 型瓶式炒干机

表4—7　　　　　　　　　　6CPC—100型瓶式炒干机参数

筒体直径（mm）	筒体转速（r/min）	台时产量（kg/h）	配用电动机（kW）	外形尺寸（长×宽×高）（mm）
1 000	28~32	40~45	1.1	2 000×1 000×2 250

6CCH6、10、20、25、50型茶叶烘干机如图4—11所示，为各类茶叶烘干作业的通用机械之一，适用于红、绿茶初精制及茶窨制复烘，并可用于中药材、水产及其他农副产品作物烘焙作用，其主要参数见表4—8。

图4—11　6CCH6、10、20、25、50型茶叶烘干机

表4—8　　　　　　　　6CCH6、10、16、20、25、50型茶叶烘干机参数

型号	6CH—6型	6CH—10型	6CH—16型	6CH—20型	6CH—25型	6CH—50型
有效堆积面积（m^2）	6	10.38	15.8	20.4	25	49.9
配用电动机	主机1.5 kW 风机3 kW	主机1.5 kW 风机3 kW	主机1.5 kW 风机4.5 kW	主机1.5 kW 风机7.5 kW	主机1.5 kW 风机7.5 kW	主机1.5 kW 风机7.5 kW
台时产量（kg/h）	40	60	85	115	130	250~300
配用风机	4—72—11 3.6 A	4—72—11 3.6 A	4—72—11 4 A	4—72—11 4.5 A	4—72—11 4.5 A	4—72—11 4.5 A
烘箱烘叶层数	4层	4层	6层	6层	6层	6层
金属热风炉	FP—7型	FP—7型	FP—14型	FP—14型	FP—14型	FP—14型（2只）
外形尺寸（长×宽×高）	4 240 mm× 1 740 mm× 1 600 mm	5 240 mm× 1 740 mm× 1 600 mm	5 240 mm× 1 740 mm× 1 900 mm	5 240 mm× 2 120 mm× 1 900 mm	6 240 mm× 2 120 mm× 1 900 mm	8 234 mm× 2 371 mm× 2 542 mm

FP—7、14型喷流式热风炉如图4—12所示，为全金属结构的热风炉，为多种物料的烘干提供干热空气，具有热效率高（60%以上）、升温迅速、不污染茶叶、使用操作方便可靠等优点，特别适宜与茶叶烘干机配套使用，其主要参数见表4—9。

表4—9　　　　　　　　　FP—7、14型喷流式热风炉参数

项目	FP—7型	FP—14型
最大换热能力	6.5×105 kJ/h	10.13×105 kJ/h
热效率	>70%	>70%
热风温度	90~180℃	90~180℃

续表

项目	FP—7型	FP—14型
配用动力	3.6 A	4 A 4.5 A
配用引风机	3.5#	4.3#
外形尺寸（长×宽×高）	1 670 mm×1 690 mm×1 560 mm	1 870 mm×1 890 mm×1 960 mm

图4—12　FP—7、14型喷流式热风炉

对于以上设备，茶叶生产加工企业可根据实际情况加以选用。

2. 绿茶（炒青）加工流程

炒青绿茶初制工艺流程为：鲜叶→摊青→杀青→揉捻→炒二青→炒三青→辉干→毛茶。

（1）杀青技术及其作用。杀青是茶叶加工生产的第一道工序，是形成绿茶品质的关键技术，也是制好绿茶并使之达到"清汤绿叶"的关键工序和关键环节。

1）杀青的原理。杀青是利用高温抑制鲜叶中酶的活性，使茶叶保持绿色，同时去除青草气及低沸点物质形成茶香，并除去一部分水分，使叶子变软，有利于揉捻造型。

杀青常用锅子或滚筒加热进行，也有用蒸汽杀青的。

2）杀青的主要作用

一是迅速破坏鲜叶中酶的活性，制止多酚类化合物的酶性氧化，以便获取和保持绿茶应有的色、香、味的品质特征。

二是促进青草气快速挥发，发展茶叶香气。

三是利用高温的作用改变鲜叶内含成分性质，形成绿茶品质雏形。

四是蒸发鲜叶中的部分水分，使叶质变得柔软，增强杀青叶的韧性，为揉捻成条做好充分的准备。

3）杀青工序的工艺技术。包括锅温、投叶量、时间和方法。"高温杀青、先高后低"是杀青工艺技术控制的重要原则。

锅温（连续杀青机设定温度）达到350～400℃之间，白天眼看锅底呈灰色，晚看锅底里侧有一圆块泛红，手在锅口 5 cm 距离处有较明显烫手的感觉时（连续杀青机仪表盘温度显示达到设定温度 350～400℃时），立即进行投叶作业。当投入的鲜叶进入连续杀青机的锅体后能明显听见"噼噼啪啪"的炸响声。若听不到炸响声，则说明锅温尚未达到杀青所需要的温度，要继续进行升温过程。掌握时间 40～60 s。

通过杀青过程出锅时的叶温要达到 80℃以上，若温度过低，杀青不足，易产生红梗红叶，而且揉捻时易断碎；若温度过高，则易造成烟焦，叶子易焦边，碎末茶多。

4）杀青程度的把握。随锅转动的鲜叶，由于受高温、旋转与挤压作用力的影响，叶色由鲜绿转为暗绿，叶片失去光泽。手捏成团，有弹性感，微感刺手，叶质较柔软，嫩茎梗折而不断，无红梗红叶现象产生，青草气消失，茶香显露，即表示为杀青程度适宜。杀青叶出锅后，要立即摊凉，摊凉至热气散尽后，再转入揉捻。

（2）揉捻技术及其作用。揉捻是大宗绿茶初制工序做形的重要工艺之一。目前，除制作碧螺春及少量手工高级名茶外，绝大部分茶叶都是采用揉捻机进行揉捻的。揉捻的目的在于使在制品基本成型。

1）揉捻的主要作用。通过揉捻工序的作业，卷紧条索，使其体积相对缩小，为干燥定型打好基础。揉捻时适当破坏叶的组织，既要便于茶汁冲泡时容易渗出，又能保持耐冲泡能力。

2）揉捻的工艺技术。揉捻应掌握的一般原则是"嫩茶轻揉""老茶重揉"。

①冷揉。冷揉即杀青叶出锅后经过一段时间摊放，使叶温下降到一定程度时才进行揉捻。低级老叶趁热揉捻可获得较好的外形。

②热揉。热揉就是杀青叶未经摊放趁热揉捻。绿茶讲究的是"汤清叶绿"的"绿"，热揉的缺点是叶色易变黄，并有水闷气，所以不宜采用。

③温揉。一芽二三叶宜采用温揉。杀青叶稍经摊放即进行揉捻。采用桶径 45 cm 和 55 cm 的揉捻机，看叶质嫩度确定投叶量多少与加压轻重和揉捻时间。

3）加压原则。加压应掌握"轻—重—轻"原则。先轻后重，逐步加压，轻重交替，最后不加压。操作开始时不加压，轻揉 25～35 min，叶团上下滚动，可开始加压。轻压 5 min，无压 25～30 min。一、二级嫩叶一次揉，揉后解块，分筛一次。三级和老嫩不一的茶叶分两次揉捻，中间解块分筛一次，粗头可再揉一次，达到条索紧结。揉捻总时间一般控制在 50～60 min。

4）揉捻程度依靠感官掌握。目前，除制作碧螺春等少量手工高级名茶外，绝大部分茶叶都采用揉捻机来进行揉捻。即把杀青好的鲜叶装入揉桶，盖上揉捻机盖，加一定的压力进行揉捻。揉捻叶的感官掌握，三级以上成条率要求达 90% 以上；三级以下成条率要求达 75% 以上，揉捻细胞破坏率一般为 45%～55%。茶汁黏附叶面，手摸有滑润黏手的感觉。

5）揉捻叶外形要求。条索要相对整齐，叶片少；条索要圆浑，扁条少；条索要直，弯条少；条索要紧，松条少；条索要完整，碎条少。揉捻叶要求叶色翠绿，不泛黄，香气清高，不低闷，以保持绿茶良好的色泽和香气。

（3）干燥（炒干）技术及其作用。干燥是绿茶初制的最后一道工序，也是定形和形成香气的工序。

1) 干燥的方式。利用瓶式炒青机对经过杀青、揉捻的茶叶在制品进行作业,通过炒二青、炒三青、辉干工序将在制品制成干茶,即毛茶。

2) 干燥的主要作用。在杀青的基础上继续使叶子内含物发生变化,提高茶叶的内在品质;排出水分,防止霉变,含水量要求保持在5%～7%,手捏茶叶能成为碎末状,以便储藏保管。

3) 干燥的技术。炒青绿茶的干燥包括炒二青、炒三青和辉干三个过程。

① 炒二青。揉捻后的茶叶含水量为60%左右。若直接炒干,易使茶叶粘在锅壁或在机内形成团块,容易产生烟焦味或水闷味,因此,炒(烘)二青可采用:自动烘干机或手拉百叶烘干机烘二青。应掌握在110～120℃,感觉烫手,烘10 min左右,摊叶厚度1～2 cm;采用瓶炒机械,滚筒杀青机滚二青。筒温65～75℃,稍感烫手,投叶量15 kg,滚锅时间15 min左右。二青叶适度标准为减重率30%,含水量35%～40%;感官掌握手捏茶叶有弹性,叶质较柔软,黏性略少,叶色尚绿,闻之无烟焦味和水闷气味。

② 炒三青。三青投叶量为50～60 kg。炒锅温度60～70℃,炒制50～60 min,炒至茶叶香味显露(鼻闻得到)时,即可出锅摊凉。

③ 辉干。温度宜掌握在55～60℃之间,采取先高后低,滚炒到含水量5%～7%、手捏茶叶成粉末时,出锅摊凉后包装储藏。

3. 绿茶(烘青)加工流程

烘青绿茶初制杀青工序的工艺技术与炒青绿茶基本相同,它们在初制工艺技术中的不同主要表现为:

(1) 揉捻方法的不同。烘青绿茶绝大部分(用于制作花茶的茶坯)内销,主要要求是既要耐冲泡,又要保持条索完整。因此,揉捻程度要比炒青绿茶轻些。

为了保持条索完整而又紧结,揉捻中最好将揉捻叶分筛后处理,对筛面揉捻叶再用短时复揉的方法,对老嫩混杂的原料则进行分别处理。

(2) 干燥方式的不同。烘青绿茶的干燥是利用烘干机作业来完成的,烘干过程常采用足火与毛火的方法。

打足火时,温度为80～90℃,适宜中速或慢速,打足火后的茶胚要及时摊晾,并经常清理烘箱底部的脚茶,分开摊放。

足火方法与毛火的操作大致相同。不同的是:足火进风口的温度低,一般为80～90℃;毛火为110℃。足火摊叶厚度通常为1.5～2 cm;毛火为1 cm。

采用自动烘干机,茶由输送带自动送入,每分钟送叶3～4 kg。摊叶厚度在1.5 cm左右,自动卸叶。烘焙时间约10～20 min。自动烘干机的种类(型号)较多,速度因机型不同而略有差异,所以在生产中要不断总结经验,灵活掌握。同时,要根据揉捻叶含水量,适时调节烘箱温度和上叶量。揉捻叶含水量较高时,烘箱温度相应高些,上叶量则应减少;含水量较低时,则相反。

4. 绿茶(蒸青)的加工流程

(1) 加工设备。蒸青茶生产加工成套设备如图4—13所示,由蒸汽杀青、冷却、叶打、粗揉、揉捻、中揉、精揉、烘干等设备组成,成套设备名称见表4—10。

主要加工过程控制

图 4—13 蒸青茶生产线成套设备

表 4—10　　　　　　　成套设备名称表

加工流程	序号	产品名称	配套数量（台）	台时产量	配用功率（kW）	备注
蒸青	1	蒸青机	1	300~600 kg/h	4	配套输送及燃煤蒸气 0.3 t 锅炉
冷却粗揉	2	冷却机	1	300~600 kg/h	1.85	配套送风风机
冷却粗揉	3	叶打机	1	80~120 kg/h	7.5	配套输送、振动机及燃煤 FP—7 型金属炉
中揉	4	粗揉机	2	80~120 kg/h	5.5	配套输送、振动机及燃煤 FP—7 型金属炉
中揉	5	265 型揉捻机	2	80~180 kg/h	4	
中揉	6	中揉机	2	60~80 kg/h	3.75	配套输送、振动槽及燃煤 15 型金属炉
精揉	7	精揉机	3	单锅投叶量 7~8 kg	2.2	配套液化气加热装置、振动机

单元 4

（2）加工流程

1）蒸青。鲜叶进入蒸青机，用 100℃ 的蒸汽将叶子蒸软，时间约 30 s，这时叶温达 98℃，蒸青完成。

2）粗揉。叶子进入叶打机，冷却并去除叶表多余的水分后进行粗揉，送入 95℃ 热风，时间约 45 min，水分减重 55% 左右。

3）中揉。初步成条后进行中揉，要求边揉压边通入热风继续散失水分，时间约 40 min，水分减重 70% 时，进行精揉。

4）精揉。温度 90℃，时间 40 min 左右。

5）干燥。烘温 80℃，时间 30 min 左右，茶叶含水量在 6% 时，烘干完成。摊凉冷却后进行包装。

目前，做蒸青茶的大多企业采用图2—12自动化生产设备，只有少数中型以下企业做蒸青茶时采用传统工艺。

三、绿茶精制

按照既定的工艺流程、工艺技术、技术参数将初制品毛茶加工制作成为符合商品茶要求的行为过程称为精制过程。

1. 绿茶精制的目的和意义

精制的目的就是去粗除劣，剔除杂物，整理形状，调整内质，使其外形规格化、品质纯净化，形成外形美观、内质优良、符合商品茶与外销茶要求的茶产品，以提高茶叶的商品价值。

鲜叶初制成毛茶，还不能成为商品茶。商品茶要求品质、规格有统一的标准级别。外销茶要求更高，不但要有较高的内质，而且还要外形匀齐化一。毛茶品质尚不符合商品茶的要求，外形多样、复杂，需进行毛茶加工（也称"复制""精制""再制"），整理外形，调和内质，制成"成茶"（也称"精茶"或"熟茶"），以符合商品茶及外销要求。

绿茶精制的意义在于淘汰粗劣、杂物，整理形状，使之达到所需要的纯净和整齐程度。毛茶加工对内质的提高是有限的，因其在初制过程中，品质已基本形成，只是形态复杂，不合规格化的要求，所以毛茶加工的重点是形状的规格化、品质的纯净，以形成外形美观、内质优良的成品茶，适应消费者的需求。具体地说主要包括如下几点：

（1）整理形态，分做花色。根据毛茶形态的不同，按茶叶品质规格要求，分别整理合并。将不合格的在制品淘汰掉，使分成的各种筛号茶长短、粗细、轻重、薄厚均一致，具有匀齐的形态。分做出各种花色半成品茶，便于拼配成各种符合品质要求的成品茶。

（2）分离老嫩，分清等级。茶叶在初制过程中，虽然采取了相应的技术措施，毛茶也相应区分了一定的等级，但这种等级的划分难以保证老嫩的准确区分，常会出现高级茶中混有质地粗老的叶子，低级茶中夹有细嫩的芽叶。这就要求精制必须进一步分离老嫩，通过老嫩划分茶叶的等级，使品质优次更加分明。

（3）适当干燥，去掉多余的水分，发展香味。茶叶在加工过程中吸湿或毛茶含水量高，都可能不符合要求。通过干燥，适当降低含水量，使条索紧缩，提高制率，同时改善各种不同茶类的色泽，发展茶叶香味，提高耐藏性。

（4）剔除杂次，纯净品质。毛茶中含有多种杂物，必须在加工过程中除去才能符合品质和食品卫生要求。次质茶如老叶、单叶、筋梗、茶籽、蒂头等也须分离除掉，才能使成品茶符合品质要求。

（5）调剂品质，稳定质量。毛茶由于品种、采制、季节的不同以及初制技术各异，会造成同级成品茶的品质参差不齐，特别是内质方面差异较大，如春茶香味醇浓，夏秋茶香低、味苦涩等。因此，需要进行品质调剂，使各个时期加工的同级成品茶规格一致、质量稳定。

总之，绿茶精制加工的目的就是"形状划一、品质纯净、统一规格、稳定品质"，以最大限度地保证毛茶的经济价值。

2. 绿茶精制分路、分段技术

毛茶加工既要制茶品质优良，又要减少副茶，同时还应保证最省的工时、最少的物耗。即高产优质，低成本，低消耗。所以在加工毛茶时，必须遵守操作一贯，避免不必要的筛分、切轧，尽量减少损失。制定加工工艺程序力求简单，易于操作。毛茶加工的目的在于分别大小、粗细、轻重和剔除杂物，降低含水量，采取筛、风、切、拣、烘反复操作。虽然加工时可根据茶叶形状及要求不同而随时变动，但处理的方法有其基本原则：

（1）分路技术。毛茶加工的过程中，为了方便整理形状，一般采用分路整形。可分本身路、长身路、圆身路、轻身路、碎茶路、筋梗路、片茶路七种。

不同的茶厂采用的分路也不同。眉茶多为五路加工（除碎茶、片茶路外）；功夫红茶为七路加工；红碎茶加工很简单，只有碎茶路、片茶路二路。

下面简要介绍一下本身路、长身路、圆身路、轻身路和筋梗路。

本身路：毛茶→滚圆→初抖→平圆→紧门→套抖→撩→风选→拣剔→拼配→复火→匀堆。条索紧结，锋苗好，香味醇正，嫩度好，是高级取料的关键。

长身路：毛茶头→切→滚圆→初抖→平圆→紧门→套料→撩→风选→拣剔→拼配→匀堆。

圆身路：毛茶头（抖头、打头）→切→抖→撩→风选→拣→拼→匀堆。外形短秃，又次于长身茶。

轻身路：子口茶→切（或不切）→抖→撩→风→拣→拼→匀堆。原料为本身路、长身路、圆身路的子口茶，质轻，品质较次。

筋梗路：拣头和细筋梗→圆→撩→风→拣→复火→撩→拼→匀堆。含筋梗多，同时有部分芽头，所以必须精选精做，以提高制率。

毛茶付制前有不同的处理方式，有的采用先复火后毛分，有的直接进行毛分，有的采用两种结合的方法，即生做、熟做、生熟混做三种。

生做生取：毛茶不经复火直接毛分称为生做。没有经过火功处理直接取做各筛号茶。在筛分时茶叶老嫩易分开，特别反映在叶底上。工艺简化，由于含水量高，加工不及时，茶叶体积膨胀而变得粗大，这样在筛分过程中，不易通过筛网，造成走料，本身茶少，筛号茶少，头子茶多，付切茶多，碎茶也相应增加。在抖筛取料时，粗大的茶叶不易通过筛网（特别是规格紧门筛），头子茶中混入了好茶，降低了经济效益；茶叶含有黄片，增加了高档茶取料的困难；头子茶含水量大，不易切轧。同时，生做一般在内质上表现出欠火功。

熟做熟取：毛茶在付制前经复火滚条的称为熟做。经复火滚条，使茶叶脱钩成直，而且有紧条和起润的作用。在筛分时易通过筛网，筛号茶多，本、长身茶多，头子茶少，增加了高档茶的制率。可以充分发挥原料的经济价值；火功好，可保持茶叶的色香味；抖筛的效率高，可提高抖筛取料效果。

生熟混做：即生做毛茶下段，熟做毛茶头。这样既能克服生做生取火功不足、易走料、降低经济效益和熟做熟取碎茶多、叶底嫩度匀度差的缺点，又可发挥两者的优点，保持高档茶品质、防止走料、减少碎茶、提高制率，充分发挥原料的经济价值。现在已有部分茶厂采用这种方法。

在不同的工艺中不仅生做、熟做以及生熟混做不同，而且毛茶毛分时，还有先圆后抖和先抖后圆之分。

先圆后抖。毛茶先经圆筛分出筛号茶，然后再经抖筛紧门定级，称先圆后抖。

优点：圆筛效率高，抖筛效率低。采用圆筛使茶叶筛选一部分，减少了抖筛的工作量，提高了工效。圆筛取坯后，再抖，才能抖净，有利于分级取料。圆筛筛分的筛面茶通过切（四孔面茶）后，再圆筛归入本身路，避免头子茶中的好茶走掉，即防止走料。

存在的不足：圆筛主要分大小、长短，分离后茶叶的老嫩分辨性差，仍需抖筛辅助，以分出老嫩。先圆工艺反复较多，复杂；不易集梗，增加了拣梗的难度。

先抖后圆。毛茶先经抖筛分出本身路茶，头子茶经切做长身茶。

优点：先抖本身路茶先取出，头子茶经切，本身茶品质好可以不付切，减少付切量，同时保证了好茶不切，提高了品质；先抖可以使一部分长梗抖出，减轻拣剔难度，然后集中拣梗或用撩筛去梗，提高了去梗效率。

存在的不足：抖筛效率低，所以先抖工效低；抖筛容易走料，增加了筛分难度。

（2）分段技术。毛茶通过精制加工的过程，为了便于整理形状和拼配，一般将分路的筛号茶分为上段茶、中段茶、下段茶。

上段茶：3.5号、4号、5号、6号（又分为各个筛面、筛底）。

中段茶：7号、8号、9号、10号（7号又分为筛面、筛底茶）。

下段茶：12号、14号、16号、18号、20号、24号。

24号筛下至36号筛面为碎茶，80号筛面为末茶。

3. 在制品茶上、下工序间的衔接

在制品茶上、下工序间的衔接，主要是指上一道工序与下一道工序之间的交接，这在茶叶加工过程中是由工艺流程文件或作业指导书来制定和完成的。但需注意的是，要处理好上工序、本工序、下工序之间的相互关系，一般应遵循上不清、下不接的原则。

4. 精制机具

茶叶加工机械体系已经基本建立，实现了部分作业的机械化，其中又以毛峰类、扁形茶类加工机械化程度较高。名优茶叶加工的机械化，解决了茶叶生产季节用工紧张、生产成本上升的问题。名优茶加工机械化，提高了功效，降低了生产成本，增加了名优茶的经济效益，有利于制定规范的茶叶生产技术规程，使茶叶的品质保持稳定。同时，机械化生产促进了茶叶生产规模化，扩大了市场份额，利于产品的品牌建设。现对几种有代表性的机型作如下介绍：

6CJT—82阶梯或茶叶拣梗机如图4—14所示，为红、绿茶精制专用机械之一，能拣出比茶叶长的茶梗及杂物，使之与茶叶基本分离，可代替手工拣剔作业，以提高工效。普遍适用于眉茶、珠茶、功夫红茶，是目前精制拣剔作业的一种理想机型。其参数见表4—11。

图 4—14　6CJT—82 阶梯式茶叶拣梗机

表 4—11　　　　　　　　　6CJT—82 阶梯式茶叶拣梗机参数

槽板层数	槽板宽度	台时产量	配用电机	外形尺寸（长×宽×高）
7 层	820 mm	80~120 kg/h	0.55 kW	1 750 mm×950 mm×1 650 mm

　　6CH—4、8、12 型手拉百叶式烘干机如图 4—15 所示，适用于红、绿茶叶的烘干作业，其透气性好，烘干速度快，所烘茶叶色泽翠绿，香气醇正。其参数见表 4—12。

图 4—15　6CH—4、8、12 型手拉百叶式烘干机

表 4—12　　　　　　　　6CH—4、8、12 型手拉百叶式烘干机参数

型号	6CH—4	6CH—8	6CH—12
有效摊叶面积	3.24 m²	7.34 m²	11.8 m²
烘板工作层数	5 层	6 层	6 层
配用热风炉	FP—7 型	FP—7 型	FP—7 型
台时产量	15~25 kg/h	35~40 kg/h	50~75 kg/h
外形尺寸（长×宽×高）	1 400 mm×710 mm×1 120 mm	1 450 mm×990 mm×1 200 mm	2 060 mm×990 mm×1 400 mm

6CYS—73型平面圆筛机如图4—16所示，适用于茶叶精制工艺的眉茶、炒青绿茶、红茶及其他茶类。平面圆筛机是分离茶叶长、短、粗细作业的一种机械。其参数见表4—13。

图4—16　6CYS—73型平面圆筛机

表4—13　　　　　　　　6CYS—73型平面圆筛机参数

单层筛有效面积	筛床转速	台时产量	配用电动机	外形尺寸（长×宽×高）
0.65 m²	190～220 r/min	400 kg/h	0.55 kW	1 580 mm×950 mm×1 000 mm

6CED—767型茶叶双层抖筛机如图4—17所示，为茶叶精制加工机械，主要适用于茶叶精制工艺的眉茶、红茶及其他相应的茶类分筛长短、粗细作业和不同开头茶叶的分离作用。其参数见表4—14。

图4—17　6CED—767型茶叶双层抖筛机

表4—14　　　　　6CED—767型茶叶双层抖筛机参数

筛床倾斜角调速范围	每层筛网尺寸（长×宽）	台时产量	配用电动机	外形尺寸（长×宽×高）
0°~5°	1 720×670 r/min	250~350 kg/h	1.1 kW	4 330 mm×1 215 mm×2 200 mm

6CED—42型长抖筛机如图4—18所示，为精制茶厂专用机械，用于茶叶精制工艺加工的绿茶、红茶及其他适应的茶类分筛长短、粗细作业和不同形状茶叶的分离作用。特别适用加工花茶时用于起花作业。其参数见表4—15。

图4—18　6CED—42型长抖筛机

表4—15　　　　　6CED—42型长抖筛机参数

筛面倾斜角	筛网有效面积	台时产量	配用电动机	外形尺寸（长×宽×高）
2°~6°	4.2 m²	350~500 kg/h	0.75 kW	5 520 mm×1 200 mm×1 560 mm

6CFX—1、50型茶叶风选机如图4—19所示，是茶叶精制专用机械之一。经过分筛后的茶叶，通过本机按其轻重分别定级。适宜于精制茶叶的上、中、下各段筛号茶分等分级之用。其参数见表4—16。

图4—19　6CFX—1、500型茶叶风选机

第二部分　初级茶叶加工工操作技能

表 4—16　　　　　　　6CFX—1、500 型茶叶风选机参数

项目	选别挡数	台时产量（kg/h）	配用电动机（kW）	外形尺寸（长×宽×高）
6CFX—1	6	200~300	0.75	800 mm×1 110×1 200 mm
6CFX—500	5	300~350	0.75	2 160 mm×1 110 mm×1 200 mm

5. 精制流程

精制流程包括筛分、抖分、切轧、拣剔、风选、拼配、匀堆、复火干燥。将毛茶精制成为成品茶，使之符合商品茶品质要求。

(1) 筛分。筛分是毛茶加工技术的主要作业，毛茶加工都与筛分技术有关，而且是反复筛分的。筛分的目的是整理形状，分离茶叶大小、长短、轻重、粗细、薄厚等，以使外形一致。在毛茶加工过程中，长短的筛分最为常用，其次是粗细的筛分，轻重和薄厚的筛分比较少用。筛分的动作有回转（左右）筛分、抖筛和飘筛三种。筛分动作不同，其作用也有所不同。

1) 回转筛分。筛作圆周运动，茶叶布满全筛，其旋转方向与筛运动方向相反，沿着筛面回转滑动，使茶叶通过不同的筛孔，分离长短。这种运动的筛分主要有圆筛、撩筛、捞筛、灰筛、滚筒圆筛等。圆筛及灰筛茶坯分离长短和大小，具有对筛孔茶定名的作用。

2) 抖筛。抖筛是作前后的来回摆动，茶坯在筛面前后运动，通过不同的筛孔，分别出粗细不同的茶叶。长形茶分粗细、圆形茶分长圆，条块连接，茶在刮筛时，也能切断分开。它具有初步划分等级的作用。茶叶分离粗细，一般要经过二、三次抖筛，第一次抖叫毛抖，第二次叫紧门（即规格抖），第三次抖叫后紧门。抖筛面的茶叫抖头，一般较粗松。在抖筛筛分时，一般同时进行"抽筋"，即装筛孔较小的筛网分离出筋梗。筋梗中一般含有较多的芽头，是毛茶加工精做的对象，抖筛作业俗称"抖头抽筋"。

3) 飘筛。飘筛作循环旋转结合上下跳动，所以也称为"跳筛"。具有分离茶坯中不成卷条的轻质碎茶、破叶、黄片等轻质茶。在筛分过程中筛分技术主要是筛网的配备、茶叶的流量和清筛的掌握。筛网要根据茶坯品质，特别是外形的好坏来合理配备，即"看茶配筛"。茶坯品质好，筛网可放松；品质差，适当收紧。

(2) 切轧。毛茶由于采摘、初制技术等问题，外形有长、粗、弯曲、钩形、圆块等，筛分时不能通过筛网的，就要采用切轧的方法，以改变茶叶外形，提高精制率。

切茶最常用的方法是滚切、齿切和轧碎。滚切主要切轧抖头、撩头等；齿切主要切轧长身路或圆身路的抖头、撩头等；圆片切茶机主要切轧筋梗，它具有保梗作用，便于在筋梗中提做高级茶。轧片、粉碎主要用于毛茶头、粗大抖头等轻飘茶，便于做内销茶取料。

(3) 风选。筛分难以使各路各号茶叶轻重一致，所以要利用风选，分别茶叶的轻重和薄厚，剔去黄片、茶末、碎片和其他轻质的夹杂物，以辅助筛分的作用，满足形状匀齐、轻重一致的要求。

风选机有两种类型，即吸风式和送风式。

风选机有八个出口：后四口为配风口，通过开闭来调风；前四口为取料定级口，分别称正口、正子口、子口、次子口。一般来说，正口茶质量比较好，容重大；正子口、子口、次子口的质量依次降低。通过风选就把茶叶按轻重不同分成许多不同的等级。所以风选过程也是定级的重要过程。

根据风选的作用，风选可分为剖扇、定级扇、清风三种。

1) 剖扇是在紧门之前，对毛茶经圆筛后毛坯进行风选，具有粗分等级和分路取料的作用。

2) 定级扇是茶坯经紧口、撩筛后的粗坯进行风选，具有定级和取料的作用，对提高精制率影响很大。

3) 清风是在烘、炒、车后，匀堆前，对扇去候拼的各种筛号茶的粉末。

风选需掌握的主要技术是调节风力和下茶量。

调节风力：有进风口、出茶口的开合，天门的高低、分隔板的高度与角度；

调节风力是按照不同规格的茶叶来进行的，根据茶叶质量取料，适当升级，取足主级，兼做下级。下茶量的多少、均匀与否等，都会影响风选效果。

（4）拣剔。茶叶中含有粗老梗、老梗、白梗、青梗、红梗、细筋、茶子、蒂头、杂质等许多不符合成品茶品质要求的物质，采用拣剔，去除杂质，纯净品质。

拣剔作业有"生拣""熟拣"两种。"生拣"是不经炒、烘的茶坯送拣。生拣拣剔容易辨别，手拣易拣干净。采用机拣时，如果茶坯含水量高，拣剔效果很差。熟拣由于烘、炒，使茶与被拣对象色泽较一致，用手拣剔难拣净，机拣易拣净。所以，在拣剔时要分别根据茶叶情况选择生拣或熟拣，或手拣与机拣相配合。既保证拣净，又能防止影响品质。

（5）干燥。干燥作业有三种形式，即复火、做火、补火。

复火是毛茶入厂含水量超过要求，须适当降低水分的作业工序，同时，也是为了便于在加工过程中筛分、风选等。

做火是茶坯在加工时吸水或为了加工需要而进行的，一般做火与紧条相连进行，即做火后即进行紧条。也有的采用冷车，主要为了茶坯的外形和色泽。

补火是在加工完毕装箱前，采用炒车或烘车，以做火功，提高茶叶香味，减少水分，提高茶叶的耐藏性。

干燥作业的方法还有烘、炒、滚等，配合色车机进行。由于各种机型性能不同以及产品花色要求的不同，有的采用烘车，有的采用炒车，有的采用滚砂或电热炒车。但不论采用哪种机具，都有一个共同的要求，即保证减少水分，利于炒、车上色，紧条，方便做茶取料，减少碎茶，提高精制率。

在干燥作业中，温度的掌握最重要，其次是时间。火温高低直接影响产品品质的高低。火温恰当，不仅能使产品保持良好的品质，而且能提高香味。同时产品情况不同，干燥的火温掌握也不相同。老叶火温度要高一些，使一部分内含物转化的焦糖香味掩盖粗味青气；嫩叶火温度适当低一点。

第二部分 初级茶叶加工工操作技能

四、代表性的地方毛茶加工

1. 四川大宗绿茶（烘青）的加工

四川大宗烘青绿茶的商品茶系列花色品种不胜枚举。烘青绿茶是以茶树的幼嫩新梢为原料，经杀青、揉捻、干燥等工艺过程制作而成的茶叶。

（1）四川大宗绿茶（烘青）概述。烘青绿茶保留了鲜叶较多的天然物质，其中茶多酚、咖啡碱保留鲜叶的85%以上，叶绿素保留50%左右，维生素损失也较少，从而形成了绿茶"清汤绿叶，滋味收敛性强"的特点。

烘青绿茶是用烘干机或烘笼进行烘干的。烘青毛茶经再加工精制后大部分作熏制花茶的茶坯，根据其外形又可分为条形茶、卷形茶、片形茶等。

（2）烘青绿茶原料（鲜叶）的要求及处理方法。由于鲜叶适制性的特点及制作技艺、品类特征、品质要求的不同，对鲜叶的要求及处理方法也是不尽相同的。

1）烘青绿茶原料（鲜叶）的要求。根据烘青绿茶的品质要求以及各地的加工习惯与传统制作方式的不同，烘青绿茶原料（鲜叶）的标准大致可以归纳为：

一级：一芽一叶、一芽二叶占90%以上；
二级：一芽一、二、三叶占85%以上；
三级：一芽一、二、三叶占75%以上；
四级：一芽二、三叶占70%以上；
五级：一芽二、三叶嫩单片占65%以上。

单元 4

2）烘青绿茶原料（鲜叶）的处理。

①摊晾。鲜叶原料进厂验收以后，要及时地作摊凉散热处理。鲜叶摊放的作用是适当降低鲜叶的水分，使其在自然状态中减重率达到7%~12%，以利于节约加工能源，迅速降低在制品的比热，并在杀青过程中有效而迅速地制止酶的活性。

②杀青。通过提高叶温（达80℃以上），破坏酶的活性，制止茶多酚酶促氧化；蒸发大量水分，减重率约为45%~50%，使叶细胞空隙增加，叶片内部相互作用减小，叶片的柔软性和可塑性增强，为造型工艺创造条件。

③冷却。利用风机产生的风力，驱散叶子的水蒸气，降低叶温，以防止杀青叶闷黄，保持叶色翠绿，香味清鲜。

④揉捻。通过对杀青叶施行搓揉、挤压等，使叶细胞轻微损伤，叶卷成条，挤出茶汁附于叶表，以便于冲泡。

⑤干燥。干燥的目的是蒸发水分，发展香气，使茶叶含水量达到4%~6%，以利储存保质。当在制品含水率20%以上时，干燥的速效率达到最大；当在制品含水率降至20%以下时，干燥的速效率明显降低，因此茶叶的干燥（包括整形）常分为2~3个阶段进行。

（3）烘青绿茶加工技术。机制烘青绿茶的特点是外形完整稍弯曲、锋苗显露、干色墨绿、香清味醇、汤色叶底黄绿明亮。烘青名茶按其外形可分为条形茶、尖形茶、片形茶、针形茶等。其中，条形烘青在四川主要产茶区都有生产，代表产品有峨眉山毛峰和蒙顶山毛峰。外形细嫩稍卷曲、芽肥壮、匀整，有锋毫，色泽绿黄油润，香气浓醇持久，汤色绿黄，清澈明亮，滋味醇厚、鲜爽回甘，叶底芽叶完整，柔软鲜艳。

烘青绿茶产区分布较广，产量仅次于炒青绿茶。在川西平原的成都、乐山、峨眉山、浦江及其雅安地区的蒙顶山、名山，川南蜀南竹海的宜宾、高县、筠连、荣县，川西北绵阳的江油、北川、平武、安县，川东达州地区的万源、宣汉等地都有生产。烘青除部分在市场上销售的素烘青外，大部分是用来窨制花茶的。

烘青绿茶的制法分杀青、揉捻、干燥三道工序。

1) 杀青。杀青的目的和方法与炒青绿茶基本相同，没有大的差异。

2) 揉捻。由于烘青绿茶绝大部分内销，要求耐冲泡，条索完整。因此，揉捻程度要比炒青绿茶轻些。为了保持条索完整而又紧结，揉捻中最好采用分筛揉即筛面茶短时复揉的方法，对老嫩混杂的原料效果尤为显著。

3) 干燥。烘青绿茶干燥一般采用烘焙方法，分为毛火与足火。

①人工烘焙。人工烘焙是在专用的篾质焙笼上进行的，也可在自备小型烘房中进行。

打毛火。烘茶前半小时，置木炭于焙灶（或火盆）中生火（或用煤炭，须采用间接火温，要安炉条，上覆盖铁锅）。待烟头全部烧尽后，上盖一层灰，中厚四周薄。火温从四周上升，用焙笼烘焙时，焙心受热要均匀。烘茶前，把焙笼置于焙灶上，烘热焙心。打毛火时，焙心温度要求到90℃时开始上茶，上茶时焙笼应移到簸箕内，摊叶要中间厚四周薄。每笼摊揉捻叶 0.75~1.0 kg。上好茶后，用双手在焙笼两边轻轻一拍，使其碎末茶落入簸箕中，以免烘焙时落入火中生烟。然后将焙笼轻轻移放在焙灶上烘焙。在烘焙过程中，每隔 3~4 min 翻茶一次。翻茶时应将焙笼移到簸箕内，以左手指按住焙心，右手将焙笼倾向胸前掀起，使茶坯翻至一边。然后放平焙笼，双手捞起茶叶，均匀撒摊于焙心上，再轻轻拍打一下焙笼，小心地放回焙灶上。如此翻茶上烘，大约经 5~7 次，达五成干左右，即可下焙摊凉。如用煤火干燥，必须采用间接火温，以免吸收异味。打毛火总的要求是掌握"高温薄摊快速"的原则。

摊凉。打毛火后，必须进行 20~25 min 的薄摊，使水分重新分布。

打足火。打足火则采用"低温慢烘"，温度由 70℃左右逐渐下降到 60℃左右。每笼摊叶 2~2.5 kg，每隔 5~8 min 翻焙一次，待手捏茶叶成粉末时，即可下烘，完成烘青绿茶的手工作业。用烘笼烘茶，要用优质木炭。必须拣净"柴头"防止燃烧冒烟。火力要求均匀，切忌明火上串。下烘焙茶，操作宜轻，防止碎茶落入火炉中产生烟气。

②机制烘青。机制烘青，就是绿茶的干燥作业借用烘干机完成。烘干机的种类有手拉百叶式烘干机和自动烘干机两种。

采用手拉百叶式烘干机时，烘前半小时把火烧好，然后开动鼓风机，使热空气进入烘箱。当进风口温度达到110℃左右时，开始上茶，用手将揉捻叶均匀地撒在顶层百叶板上，摊叶厚度约 1 cm。烘 2~3 min，拉动第一层百叶板，使茶坯落入第二层，再在第一层板上均匀撒上揉捻叶，这样依次上叶并拉动各层百叶板的把手，使茶坯逐层下落，当茶坯落入第六层后（最底层），应在小窗口随时检查烘干程度，调整撒叶厚度及拉把手时间。烘干程度同样是掌握五成干左右，即手握茶坯

单元 4

不粘手，稍感刺手，但仍可握成团，松手会弹散。条索卷缩，叶色乌绿，减重约25%～30%，含水量约40%～45%。茶坯落入出茶口后，及时掏出，摊凉20～25 min后，打足火。打足火时的方法，与打毛火的操作大体相同。不同之处是，进风口的温度比打毛火时低，一般为80～90℃，摊叶厚度比打毛火时稍厚，通常为1.5～2.0 cm。

采用自动烘干机时，茶坯由输送带自动送入烘箱，每分钟上叶3～4 kg。摊叶厚度掌握在1.0～1.5 cm，最后自动卸叶。烘焙时间，快速约10 min，中速约15 min，慢速约20 min。生产上一般多采用快速或中速。不过，当前自动烘干机的种类（型号）较多，快、中、慢速因机型不同而略有差异，在实际操作中要不断总结经验，灵活掌握。同时，必须根据揉捻叶含水量，调节烘箱温度和上叶量。如揉捻叶含水量较高，则烘箱温度相应的要高些，上叶量则应减少；如含水量较低，则相反。打足火后的茶坯同样要及时摊凉，烘箱底部的脚茶需及时清理，分开摊放。打足火时，温度与手拉百叶式烘干机一样，比打毛火时低，为80～90℃，适宜中速或慢速。

值得注意的是，不管炒青绿茶，还是烘青绿茶，初制后的成茶，必须摊凉后才能装入口袋运往仓库。

烘青绿茶的初加工原理与炒青绿茶基本相同，都是利用高温杀青，迅速破坏酶的活性，制止多酚类化合物酶性氧化，使之不产生红梗红叶，保持清汤绿叶的品质特色。与炒青绿茶的不同之处在于干燥方法，烘青绿茶采用的是烘干的方法，炒青绿茶采用的是炒干的方法。

烘青绿茶的精制加工原理、方法与炒青绿茶精制加工原理、方法也基本相同，都是分路、分段取料加工制作。所不同的是烘青绿茶在精制过程中是以抖分为主，而炒青绿茶在精制过程中则以筛分为主。

（4）品质特征。烘青绿茶总的品质特征是清汤、绿叶。在绿茶加工过程中，由于高温湿热作用，破坏了茶叶中酶的活性，阻止了其主要成分——多酚类的酶性氧化，较多地保留了茶鲜叶中原有的各种化学成分，保持"清汤绿叶"的品质风格。与炒青绿茶制法不同的是，烘青绿茶干燥过程采用烘干的方法，所以品质外形条索比炒青稍松，香气为清香，主要用作窨制花茶的茶坯。而炒青茶在制法上都是通过炒杀和炒干的。因此，炒青的外形条状紧直，灰绿光润，汤色绿而明亮，香气高长，具有熟栗香，滋味鲜醇。

烘青绿茶的质量要求：外形完整稍弯曲、锋苗显露、干色墨绿、香清味醇、汤色叶底黄绿明亮。

2. 浙江大宗绿茶（炒青）的加工

浙江大宗绿茶因采用炒干的干燥方式而得名。按外形可分为长炒青、圆炒青和扁炒青三类。长炒青形似眉毛，又称为眉茶。圆炒青外形如颗粒，又称为珠茶。扁炒青又称为扁形茶。长炒青的品质特点是条索紧结，色泽绿润，香高持久，滋味浓郁，汤色、叶底黄亮。圆炒青有外形圆紧如珠、香高味浓、耐泡等品质特点。扁炒青成品茶扁平光滑，香鲜味醇，如西湖龙井、日铸雪芽等。

下面以日铸雪芽为例，介绍浙江炒青绿茶。

日铸雪芽又名日铸茶、日注茶,产于浙江绍兴会稽山山麓王化乡的日铸岭。日铸岭下分上祝和下祝两个自然村,下祝村御茶湾为著名产地之一,所产的日铸雪芽味醇香异,该茶经开水冲泡后,雪芽直竖,茶芽细而尖,遍生雪白茸毛,如兰似雪,故又称"兰雪",为日铸茶的绝品。日铸岭上峰峦叠嶂,地势高峻,苍松翠竹,溪流潺潺,云雾缭绕,气候湿润,乌砂壤土,土质肥沃,适宜茶树生长。年均气温16.5℃,年均降水量1 418 mm,全年无霜期230天左右。该地茶树较其他茶园地势低,萌芽期来得迟缓一些。在御茶湾的山坡上,一畦畦梯田式的茶园,生长着郁郁葱葱的茶蓬,吐出细嫩肥壮的芽梢,是制作雪芽的理想原料。

日铸雪芽外形条索浑圆,紧细略钩曲,形似鹰爪,银毫显露,色泽绿翠,香清鲜持久,滋味醇厚回甘,汤色黄绿明亮,叶底嫩匀成朵。

(1) 浙江大宗绿茶原料(鲜叶)要求。绿茶产品花色较多,有大宗绿茶和特种绿茶,它们对鲜叶的要求不同。大宗绿茶分炒青(眉茶、珠茶)、烘青和蒸青三类,特种绿茶依形状不同可分若干类。

大宗绿茶的鲜叶要求:以一芽二、三叶及同等嫩度的对夹叶为原料。

特种绿茶的鲜叶要求:单芽、一芽一叶(初展、开展)、一芽二叶初展等。

绿茶对鲜叶的共同要求:色泽以黄、绿色为宜,紫色不宜;中小叶为宜;叶绿素和蛋白质含量高,多酚类化合物含量不宜太高,尤其是花青素含量要低为宜。色泽、叶型大小和化学成分的组成具有较大的相关性。

(2) 浙江大宗绿茶加工技术。我国绿茶有很多种,虽然制作方法各有不同,但都具有共同的基本过程,即杀青→揉捻→干燥。尤其是杀青工序,都要求鲜叶通过杀青,在高温作用下,破坏叶内酶的结构,丧失催化能力,从而形成具有"清汤绿叶"的品质特征。而炒青茶在制法上都是通过炒杀和炒干的,蒸青则是蒸杀、炒干,制作方法不同,品质也就各有差异。浙江大宗绿茶的传统制法均在锅里炒干。初制分杀青、揉捻和干炒三道工序,其加工工序与四川大同小异,这里不再赘述。

(3) 浙江大宗绿茶(炒青)品质特征。

各地炒青绿茶品质虽有差异,但高级茶品质都有共同的品质要求(见表4—17):外形条索紧直匀整,有锋苗,不断碎;干色翠绿锋润,调和一致,净度好;肉质要求香高持久,最好具有熟栗香,香气醇正。汤色清澈,黄绿明亮,浓醇爽口,不带苦涩;叶底嫩绿明亮,忌红梗红叶、焦斑、生青叶及闷黄叶。

表4—17　　　　　　　　　　不同产地炒青绿茶品质特征

品质因子＼产地	屯绿炒青	浙绿炒青	温绿炒青	遂绿炒青	四川炒青
外形	紧结壮实,干色灰绿光润	条索紧细、色泽绿润	条索较紧细、芽锋显露,干色灰绿带霜	肥壮重实,干色绿润起霜	条索紧细匀整,苗秀有峰毫,色泽绿润
汤色	汤色绿而明亮	汤色黄亮	汤色浅黄明亮	微黄清澈	汤色清澈明亮
香气	熟板栗香,高长持久	香高持久	高鲜、有嫩香	香气浓烈	肉质香醇持久,有花果香

续表

产地 品质因子	屯绿炒青	浙绿炒青	温绿炒青	遂绿炒青	四川炒青
滋味	浓而爽口，回味甘甜	滋味浓郁	滋味鲜爽	滋味浓厚	甘醇爽口
叶底	叶底嫩绿明亮，叶质柔软、肥厚	叶底黄亮	叶底细嫩多芽，黄绿明亮	叶底嫩厚开展，色泽嫩绿明亮	叶底嫩绿明亮

（4）浙江大宗绿茶质量要求。由于在干燥过程中受到机械或手工操作的作用不同，成茶为长条形、圆珠形、扁平形、针形、螺形等不同的形状，故又分为长炒青、圆炒青、扁炒青等。

1) 长炒青。长炒青精制后称眉茶，成品的花色有珍眉、贡熙、雨茶、针眉、秀眉等，各具不同的品质特征。

①珍眉。条索紧细挺直或其形如仕女之秀眉，色泽绿润起霜，香气高鲜，滋味浓爽，汤色、叶底绿微黄明亮。

②贡熙。长炒青中的圆形茶，精制后称贡熙。外形颗粒近似珠茶，圆叶底尚嫩匀。

③雨茶。原系由珠茶中分离出来的长形茶，现在大多从眉茶中获取，外形条索细短、尚紧，色泽绿匀，香气醇正，滋味尚浓，汤色黄绿，叶底尚嫩匀。

2) 圆炒青。外形颗粒圆紧，因产地和采制方法不同，又分为平炒青、泉岗辉白和涌溪火青等。其中平炒青产于浙江嵊县、新昌、上虞等县。因历史上毛茶集中绍兴平水镇精制和集散，成品茶外形细圆紧结似珍珠，故称平水珠茶或称平绿，毛茶则称平炒青。

3) 扁炒青。因产地和制法不同，主要分为龙井、旗枪、大方三种。龙井产于杭州市西湖区，又称西湖龙井。鲜叶采摘细嫩，要求芽叶均匀成朵，高级龙井做工特别精细，具有"色绿、香郁、味甘、形美"的品质特征。旗枪产于杭州龙井茶区四周及毗邻的余杭、富阳、萧山等县。大方产于安徽省歙县和浙江临安、淳安毗邻地区。

3. 四川峨眉毛峰茶类的加工

四川峨眉毛峰产于四川省雅安市雨城区凤鸣乡桂花村，原名凤鸡毛峰，现改为峨眉毛峰，是近年来新创制的名茶新秀。雅安地处四川盆地西部边缘，与西藏高原东麓接壤，位于北纬30°，东经103.3°，受西藏高原大地形和雅安所处四面环山地形所影响，雨量充沛，气候温和，冬无严寒，夏无酷暑，群山青翠，烟雨濛濛，湿热同季。土壤肥沃，土层深厚，表土疏松，酸度适宜，为茶叶形成良好品质，创造了十分优越的条件。

（1）四川峨眉毛峰茶类概述。峨眉毛峰继承了当地传统名茶的制作方法，引用现代技术，采取烘炒结合的工艺，炒、揉、烘交替，扬烘青之长，避炒青之短，研究成独具一格的峨眉毛峰制作技术。整个制作过程分为三炒、三揉、四烘、一整形共十一道工序。所制成品，外形条索紧细匀卷，色泽嫩绿，鲜润显毫，银芽秀丽，香气高洁，新鲜悦鼻；汤色微黄而碧绿；滋味浓爽适口；叶底匀整，整叶全芽，嫩绿明亮。该茶问世不久，即以其独特的风格跨入了全国名茶行列，近几年连续被评为四川省优质名茶，1982

年被商业部评为全国名茶，1985年在葡萄牙举办的第24届世界食品评选会上，荣获国际金质奖。

(2) 四川峨眉毛峰原料要求。四川峨眉毛峰鲜叶原料采摘一般在4月上旬的清明前后开采。采健壮茶树的一芽一叶或一芽二叶初展的肥嫩芽叶（特级以一芽一叶初展为主；一、二级以一芽二叶初展为主）。采用提手采，动作要轻。做到五不采，即雨水叶不采、雾水叶不采、中午大太阳时不采、病虫叶不采、不符合标准的芽叶不采。鲜叶宜用小竹篮盛放，进厂验收分级后，薄摊于干净的竹匾中，时间4~10 h，期间轻翻2~3次。鲜叶摊放，经6~12 h摊青，至叶面失去光泽，闻有芳香。

(3) 四川峨眉毛峰加工技术

1) 杀青搓揉。在斜锅或平锅中杀青，投叶量500~750 g，要求高温、少量、勤炒快推。当水汽蒸腾时，一人从旁扇风，驱散水汽，防止闷黄。杀青近适度时，两手相对，五指微分，轻轻搓揉，至基本成条后出锅、摊凉。若成条欠佳，可在出锅摊凉后轻揉。

2) 初烘。在烘笼或烘干机中进行，温度90~110℃，每笼烘一锅左右的杀青叶。要求火力均匀、无烟，薄摊勤翻，烘至稍有触手感时即可下烘，并及时摊凉。

3) 提毫。初烘叶摊凉半小时后，再投入锅中，两手相对搓揉提毫。温度先高后低（90℃→60℃）手势先轻再重后轻，炒到茶叶基本定型，有小绒球出现，有明显触手感，约八成干时起锅摊凉。

4) 复烘（足干）。2~3笼初烘叶并一笼，温度先高后低（80℃→60℃），烘至折梗即断、手捻茶叶能成粉末为适度。茶叶足干后，簸去碎末，冷却至室温，再装袋（箱）储藏或出售。

(4) 四川峨眉毛峰品质特征。茶芽叶肥壮，毫茸披露，香高清鲜持久，叶底嫩黄，滋味甘醇，汤色清澈明亮。冲泡后芽叶竖立悬浮，瞬即附沉杯底，叶展芽观，一旗（叶）一枪（芽），历历可数。

五、有代表性的地方名茶加工

名茶是指被消费者公认，能产生较高经济效益，形质兼优，风格独特的优质商品茶。通常具有独特的外形、优异的色香味品质。

名山、名寺出名茶，名种、名树生名茶，名人名家创名茶，名水名泉衬名茶，名师、名技评名茶，很多名茶就是在这样的条件下发展起来的。尽管现在对名茶的概念尚不十分统一，但名茶之所以有名，关键在于有独特的风格，主要表现在茶叶的色、香、味、形四个方面。如杭州的西湖龙井茶向以"色绿、香郁、味醇、形美"四绝著称于世，一些名茶也往往以其一两个特色而闻名。

近年来，名茶加工在全国范围内得到了迅速的发展，名茶加工已由手工制作的传统方式转入依托现代化的先进科学技术生产线流水作业的方式，名茶生产的规模化态势已初步形成且呈现出方兴未艾之势。这无疑是为名茶更好更快的发展插上了腾飞的翅膀。

名茶的工艺流程是在绿茶的杀青、揉捻、干燥这些基本工艺的基础上发展起来的。由于名优绿茶特有的外形要求和鲜叶特性的不同，使得名优绿茶的工艺流程比大宗绿茶更为精湛复杂，加工工序可分为鲜叶摊放、杀青、揉捻、做形、干燥、毛茶整理六道基

第二部分 初级茶叶加工工操作技能

本工序。每一种名优绿茶都离不开这六道工序的作业原理,但有时可根据名优绿茶的鲜叶特性及名茶品质的要求,而将有些工序合并成一道工序分几个阶段完成。

1. 四川扁形绿名茶"竹叶青"的加工

(1) 竹叶青概述。1964年陈毅元帅来峨眉山视察,在万年寺品尝峨眉山茶叶时,顿觉馨香扑鼻,汤色碧绿,回味甘醇,劳倦顿消,连声称赞道:"好茶!好茶!"问老僧人:"此为何茶?"老僧人答道:"此茶乃峨眉山特产,尚无名称。"陈毅元帅又审视了杯中茶叶,不经意地说道:"多像嫩竹叶啊,就叫竹叶青吧!"从此,竹叶青绿茶从峨眉山走向全国、走向世界,成为我国名茶百花园中的一朵奇葩。

唐庆年间(655年)李善(630—689年)著的《文选注》中说:"峨眉多药草,茶尤好,异于天下。今黑水寺(今万年寺)后绝顶产一种茶,味佳,而色两年白,一年绿,间出有常。"其实峨眉山茶叶早在晋代已很有名;唐代时峨眉山的"白芽茶"被列入贡茶;到了宋代,峨眉"雪芽"更是名声大噪;明初,太祖朱元璋赐峨眉山茶园,在黑水寺植茶万株,供峨眉山寺庙之用。20世纪40年代,峨眉山僧人演观在龙门洞开办茶厂,形成小规模生产。

近年来竹叶青以其独特的造型和香高味醇的品质特征享誉国内外,并荣获"中国驰名商标"的殊荣。

由于政府给予高度的重视,四川省峨眉山万年寺、玉屏寺、普兴乡等地茶叶得到进一步发展,供销部门在这些地区建立茶园基地,峨眉山茶叶得到较快发展。1958年四川省为迎接新中国成立十周年,省农业厅组织四川省茶叶试验站(省茶叶研究所前身)科技人员赴峨眉山调查恢复名茶生产。调研后由试验站站长赵铸成带队,组织当地制茶能手五人赴杭州学习龙井茶制法,学成回峨眉山后开始了扁形茶炒制技术的传播。由于峨眉山茶树品种较江浙一带品种叶肉更厚且富含茶多酚等成分,在峨眉山炒制的扁形茶形成了不同于龙井茶的品质风格。在传播扁形茶制法的同时,根据当地传统技术结合江浙茶制法,采用"四炒三揉一烘"的技术制出卷曲形绿茶,命名为"峨蕊",后被评为四川名茶,成为川茶卷曲形绿茶的代表。

(2) 竹叶青原料要求。原料要求主要包括产地条件、品种与栽培管理。竹叶青原料来自峨眉山及其邻近山脉的山区茶园,茶园分布区域内生态保存完好,四季气候温和,冬不寒,夏不热,无霜期350天左右;土壤深厚,质地疏松而酸性大,pH值为4.5~4.6,多为沙质土壤,有机质含量大于4%;年降水量达1 200~1 800 mm,雨量充沛,日照时间短,终日云雾弥漫,空中相对湿度在80%以上。优越的自然生态环境为茶树的生长提供了良好的条件,为生产优质名茶打下良好的基础。

最初采制竹叶青的茶树品种为四川中小叶群体种,该品种叶肉厚而脆,发芽早,密度高,嫩芽梢呈黄绿色,持嫩性强,茶多酚与咖啡喊含量低,氨基酸含量高,采制的茶叶香气高,滋味浓醇甘爽,品质优良。近年来,引种了福鼎大白茶、福选9号等无性系良种,发芽期更早,产量及质量均有大幅度提高。

峨眉山茶园管理较为精细,每年除重施基肥外,还结合茶树生长情况施3~5次追肥,并注意了有机肥与无机肥,氮肥与磷钾肥的配合使用;同时采用农业措施对茶树病虫害进行了有效的控制,保证了茶叶的优质高产。

采摘一般在3月上旬开采（福鼎系良种在2月中下旬即可采摘），采摘标准为独芽至一芽一叶开展，病虫叶、雨水叶、露水叶不采。竹叶青、峨蕊一般在清明前采制完毕（高山茶园可延续至4月中旬），春茶后期原料仅适宜于采制普通优质绿茶。

竹叶青、峨蕊原料特别注重保持新鲜，忌鲜叶出现发热现象，故采摘时用竹篓盛装，同时在茶园附近设置初加工厂，避免鲜叶远距离运输。

(3) 竹叶青加工设备。竹叶青加工设备（名茶加工部分）包括：

1) 鲜叶摊青设备。有竹帘、竹筐、簸箕等。

2) 制茶机械设备。有滚筒杀青机、扁形茶多用机、压棒、微电子自动控制精制机械、微波远红外烘干提香机、色选机、金检机等。

(4) 竹叶青加工技术。竹叶青的加工分初制和精制两个过程。

1) 竹叶青的手工制法

①摊青。鲜叶采摘下树后，摊晾于室内阴凉处的竹帘上，待失水减重8%~10%、鲜叶花香显露时，即可杀青。

②杀青。一般加工厂采用滚筒杀青机杀青（也有采用手工锅炒杀青的），杀青温度及投叶量因杀青机型号不同酌情控制，以炒至叶质柔软、叶色暗绿、茎折不断、无青草气、无焦叶为杀青适度。

③做形。竹叶青做形的目的在于使在制叶逐渐失水，并初步形成挺直、扁平的外形。整个过程大致可以分成抖水排气、理条、压条三部分，但又是互相联系的，不可截然划分。传统上做形采用全手工制作，鲜叶杀青后，经抖、撒、抓、压、带等十多种手法交替炒制，逐渐压扁成形。投叶量0.3~0.4 kg，耗时20~30 min，生产效率较低。

④摊晾。成形后的在制叶需经过一段时间摊晾后方可辉锅，目的在于使在制叶水分重新分布、表面回软，以利于辉锅时充分干燥，并降低损耗率，提高成品茶的扁平、光滑度。

⑤分筛、辉锅。茶叶成形后，因芽头大小、采摘标准的差异，含水量不一致，需分筛，分别辉锅。辉锅锅温80~100℃，投叶量0.2~0.3 kg，辉锅的要领是手不离茶、茶不离锅，手里的茶要边进边吐，不能捏死。茶温较人体温度稍高，略有烫手感觉为度。在制品下锅后，采用带、甩、捺、抓、撒、吐等手法保持茶叶外形，逐渐蒸发水分；注意手势要由重至轻，快干燥时，叶质开始硬化，所用手势改用荡、磨、钩、吐等手法；辉至茸毛基本脱落，茶叶达到扁平光滑、手折断口整齐且声音清脆，即可起锅。

2) 竹叶青的机制方法

①摊青。鲜叶采摘下树后，摊晾于室内阴凉处的竹帘上，待失水减重8%~10%、鲜叶花香显露时，即可杀青。

②杀青。采用滚筒杀青机杀青，杀青温度及投叶量因杀青机型号不同酌情控制，以炒至叶质柔软、叶色暗绿、茎折不断、无青草气、无焦叶为杀青适度。杀青后应将芽叶按大小分筛，以利后续加工（也有采用理条后分筛的）。

③理条、脱毫。杀青叶经适度的摊晾，待水分重新分布均匀后即可投入扁形茶多用机炒制。炒制的目的主要是适度散失水分、理直条形、脱掉茶叶表面的茶毫。多用机转速应适度偏快，以提高理条、脱毫的效果；同时锅温要保持稳定，以茶温和人体温度相

第二部分 初级茶叶加工工操作技能

当不烫手为度,要充分排气,防止茶叶闷黄。待茶叶达六成干左右、条形挺直光滑后起锅摊晾。

④摊晾。理条后的茶叶由于水分不均匀(外干内湿),立即压条做形会产生压碎、芽叶不完整现象,故应适度摊晾回软后才能做形。摊晾时间不宜采用长时或堆积(装袋)回软的方法,以免茶叶因湿热作用产生闷黄,影响成品的香气、滋味和汤色。

⑤做形。理条后的茶叶适度摊晾后投入多用机继续炒制,这一阶段的目的是压扁成型。在茶叶投入多用机炒热后便可加入压棒做形,做形时多用机转速应适度调慢,以免压碎芽叶;温度仍控制到与体温相当为度。茶叶压扁后立即起棒,继续炒至八成干、外形固定后起锅摊晾。

⑥辉锅。做形后的茶叶适度摊晾后投入多用机中辉锅,多用机转速应适度调快、茶叶温度略高(略微烫手为度,起锅前茶温可适度提高),炒至茶叶水分6%~7%起锅,去掉片末即为半成品。

峨蕊加工炒中有揉,炒揉结合,连续操作,起锅即成。主要工序为杀青、揉捻、搓团显毫、烘干。

3) 竹叶青的精加工。采用从日本进口的绿茶精制生产线对竹叶青、峨蕊进行精加工。该设备是当前最先进的精制机械,全过程为微电子自动控制。生产线中的自动分选、色选、金检、微波远红外烘干提香是形成竹叶青独特品质的关键工序,通过色选感度值的适当调整能全部去掉与竹叶青外观品质不相符的花杂茶类或非茶类物质,金检设备的运行可全部去掉金属类的杂质。通过该设备的加工,竹叶青的匀整度、香气、滋味均较以前有大幅度的提高。

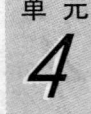
单元 4

精制加工中高温短时提香技术是竹叶青公司开发的独有技术,是在初加工绿茶的基础上,采用高温短时对茶叶进行二次焙火,发展茶叶香气,同时改善滋味。克服了传统的"低温长时提香技术"效率低下、断续生产、质量不稳定的弊病,实现了连续、稳定、高效生产。可通过调节焙火时的温度、时间等参数,使其内含成分适度氧化、聚合、裂解,而形成各种不同风格的茶叶香型,同时使茶叶滋味向浓醇爽口方向发展。

(5) 竹叶青的品质特征。外形扁平光滑、挺直秀丽、匀整、洁净,干茶色泽嫩绿鲜润,香气高香浓郁持久、汤色黄绿明亮、滋味鲜醇爽口、叶底完整、黄绿明亮。

(6) 工艺质量要求。工艺为鲜叶选料→杀青→带条→做形→辉锅→精制出厂。质量要求为外形全芽形、扁平秀丽、嫩绿鲜润、形似竹叶;内质清香馥郁、清醇爽鲜,汤清叶绿,鲜嫩回甘。

2. 安徽太平猴魁的加工

(1) 太平猴魁概述。太平猴魁产于黄山北麓的黄山区,由于产地低温多湿,土质肥沃,云雾笼罩,故而茶质别具一格;茶芽挺直,肥壮细嫩,外形魁伟,色泽苍绿,全身毫白,具有清汤质绿、水色明、香气浓、滋味醇、回味甜的优秀特征,是尖茶中最好的一种。

太平猴魁是中国历史名茶之一,创制于1900年。清末,南京叶长春茶庄在太平县新明茶区设茶号,收购茶叶。老板为了赚取利润,将成茶中的幼嫩芽叶单独拣出,高价销往南京等地。猴坑茶农王老二(王魁成)借鉴茶商的做法,在凤凰尖茶园选肥壮幼嫩的一芽二叶,精工细制成王老二魁尖。由于它在尖茶之中的魁首品质,故以产地猴坑所在地定名为"猴魁"。

太平猴魁的色、香、味、形独具一格，有"刀枪云集，龙飞凤舞"的特色。每朵茶都是两叶抱一芽，平扁挺直，不散，不翘，不曲，俗称"两刀一枪"，素有"猴魁两头尖，不散不翘不卷边"之称。叶色苍绿匀润，叶脉绿中隐红，俗称"红丝线"。全身披白毫，含而不露，入杯冲泡，芽叶成朵，或悬或沉，在明澈嫩绿的茶汁之中，似乎有好些小猴子在搔首弄姿。品其味，则幽香扑鼻，醇厚爽口，回味无穷，可体会出"头泡香高，二泡味浓，三泡四泡幽香犹存"的意境，有独特的"猴韵"。

太平猴魁于1912年获南京南洋劝业会和农商部陈列优质奖。1915年巴拿马万国博览会上获得金奖及"万人品茶"专用茶等荣誉。20世纪30年代曾在玻利维亚等国展销。1955年太平猴魁又被评为全国十大名茶之一。1979年在我国出口贸易中博得五大洲客商好评。2004年在国际茶博会上获得"绿茶茶王"称号，并以50 g/61 000元的价格拍卖成功。

(2) 太平猴魁原料要求。太平猴魁的采摘在谷雨至立夏，茶叶长出一芽三叶或四叶时开采。采摘时间较短，每年只有15~20天。分批采摘开面为一芽三四叶，并严格做到"四拣"：一拣坐北朝南阴山云雾笼罩的茶山上茶叶；二拣生长旺盛的茶棵采摘；三拣粗壮、挺直的嫩枝采摘；四拣肥大多毫的茶叶。将所采的一芽三四叶，从第二叶茎部折断，一芽二叶（第二叶开面）俗称"尖头"，为制猴魁的上好原料。采摘天气一般选择在晴天或阴天午前（雾退之前），午后拣尖。

(3) 太平猴魁加工技术。太平猴魁加工分杀青、毛烘、足烘、复焙四道工序制成。

1) 杀青。用直径70 cm的桶锅，锅壁要光滑清洁。以木炭为燃料，确保锅温稳定。锅温110℃左右，每锅投叶量75~100 g。翻炒要求"带得轻、捞得净、抖得开"，历时2~3 min。杀青结束前，要适当理条。杀青叶要求毫尖完整，梗叶相连，自然挺直，叶面舒展。

2) 毛烘。按一口杀青锅配四只烘笼，火温依次为100℃、90℃、80℃、70℃。杀青叶摊在烘顶上后，要轻轻拍打烘顶，使叶子摊匀平伏。适当失水后翻到第二烘，先将芽叶摊匀，最后用手轻轻按压茶叶，使叶片平伏抱芽，外形挺直，需边烘边捺。第三烘温度略降。仍要边烘边捺。当翻到第四烘时，叶质已经干脆不能再捺。至六七成干时，下烘摊凉。

3) 足烘。投叶量250 g左右，火温70℃左右，要用锦制软垫边烘边捺，固定茶叶外形。经过5~6次翻烘、约九成干时，下烘摊放。

4) 复焙。又叫打老火，投叶量约1.9 kg。火温60℃左右，边烘边翻。切忌捺压。足干后趁热装筒，筒内垫箬叶，以提高猴魁香气，故有"茶是草、箬是宝"之说。待茶冷却后，加盖焊封。

(4) 太平猴魁品质特征。品质特征为两叶抱一芽，扁平挺直，魁伟重实，色泽苍绿，兰香高爽，滋味甘醇。产品分为五级：极品、特级、一级、二级、三级。

1) 太平猴魁极品。外形扁展挺直，魁伟壮实，两叶抱一芽，匀齐，毫多不显，苍绿匀润，部分主脉暗红；汤色嫩绿明亮；香气鲜灵高爽，有持久兰花香；滋味鲜爽醇厚，回味甘甜，独具"猴韵"；叶底嫩匀肥壮，成朵，嫩黄绿鲜亮。

2) 太平猴魁特级。外形扁平壮实,两叶抱一芽,匀齐,毫多不显,苍绿匀润,部分主脉暗红;汤色嫩绿明亮,香气鲜嫩清高,兰花香较长;滋味鲜爽醇厚,回味甘甜,有"猴韵";叶底嫩匀肥厚,成朵,嫩黄绿匀亮。

3) 太平猴魁一级。外形扁平重实,两叶抱一芽,匀整,毫隐不显,苍绿较匀润,部分主脉暗红;汤色嫩黄绿明亮,香气清高,有兰花香;滋味鲜爽回甘,有"猴韵";叶底嫩匀成朵,黄绿明亮。

4) 太平猴魁二级。外形扁平,两叶抱一芽,少量单片,尚匀整,毫不显,绿润;汤色黄绿明亮,香气清香带兰花香,滋味醇厚甘甜;叶底尚嫩匀,成朵,少量单片,黄绿明亮。

5) 太平猴魁三级。外形两叶抱一芽,少数翘散,少量断碎,有毫,欠匀整,尚绿润;汤色黄绿尚明亮,香气清香醇正,滋味醇厚;叶底尚嫩欠匀,成朵,少量断碎,黄绿明亮。

(5) 太平猴魁工艺、质量要求。炒制工艺达到杀青、毛烘、足烘、复焙四道工序。产品特色为外形两叶芽,平扁挺直,自然舒展,白毫隐伏。叶色苍绿匀润,叶脉绿中隐红。花香高爽,滋味甘醇,香味有独特的"猴韵",汤色清绿明净,叶底嫩绿匀亮,芽叶成朵肥壮。

鉴别太平猴魁可从形、色、香、味四个方面进行:

1) 外形。太平猴魁扁平挺直,魁伟重实,简单地说,就是其个头比较大,两叶一芽,叶片长达5～7 cm,这是独特的自然环境使其鲜叶持嫩性较好的结果,为独一无二的特征,其他茶叶很难鱼目混珠。冲泡后,芽叶成朵肥壮,有如含苞欲放的白兰花。此乃极品的显著特征,其他级别形状与此相差甚远,要从色、香、味仔细辨识。

2) 颜色。太平猴魁苍绿匀润,阴暗处看绿得发乌,阳光下更是绿得好看,绝无微黄的现象。冲泡之后,叶底嫩绿明亮。

3) 香气。香气高爽持久,太平猴魁比一般的地方名茶更耐泡,"三泡四泡幽香犹存",一般都具有兰花香。

4) 滋味。太平猴魁滋味鲜爽醇厚,回味甘甜。泡茶时即使放茶过量,也不苦不涩。不精茶者饮用时常感清淡无味,有人云其"甘香如兰,幽而不洌,啜之淡然,似乎无味。饮用后,觉有一种太和之气,弥沦于齿颊之间,此无味之味,乃至味也"。

六、注意事项

1. 杀青注意事项

(1) 经常保持杀青锅和工具的清洁。

(2) 烧火人要密切配合杀青操作,适时添火退火,以保持杀青所要求的锅温。

(3) 杀青时灶沿上的茶叶要随时扫入锅内,以免生熟不匀。

(4) 杀青适度叶立即出锅,动作要快;出茶后及时清扫锅内茶叶,如发现有烧焦或红变现象,应分开另行处理。

(5) 杀青叶出锅后应及时摊凉,以免变黄,摊叶厚度不要超过5 cm。

(6) 杀青叶适度摊凉后要及时进行揉捻,不能积压,以免红变。

2. 机械干燥工序应注意事项

(1) 经常检查温度和出口处茶叶的干湿程度，并及时调节转速和温度。

(2) 不同批级茶号的茶叶，要间隔2～3层百叶板。

(3) 烘干后的茶叶应及时摊凉。毛火茶宜薄，足火茶稍厚。

(4) 经常注意机器运转情况，发现问题及时处理。

(5) 茶叶烘毕，停止运转，掏出炉火，停炉摊凉。

七、茶类相关知识

我国茶叶品种繁多，据不完全统计有600余种。目前，一般以制法为基础，结合品质特点和外形差异进行分类。有绿茶、红茶、黄茶、黑茶、白茶、青茶六大类。

1. 绿茶的特点是"绿叶绿汤"。制法经过杀青、揉捻、干燥三道工序。以龙井茶和碧螺春茶最负盛名。龙井茶产于杭州西湖的狮峰、五云山、虎跑山、龙井。茶的品质是形如雀舌，色泽翠绿，香馥浓烈，滋味鲜爽。具有"形美、色绿、香郁、味醇"四绝，是茶中极品。碧螺春茶产于江苏太湖洞庭东山碧螺峰。茶叶外形像烫过的头发一样卷曲成螺，白嫩的茸毛遍布，叶底嫩如雀舌。

2. 红茶的特点是"红叶红汤"。制法分为萎凋、揉捻、发酵、干燥四道工序。最出名的当推产于安徽祁门县的"祁红"。它紧细秀长，汤色红艳清亮。香气似果香，又似花香。饮时入口醇和，清爽持久，回味隽厚，味中有香。英国人最爱喝祁红，称它为"群芳之最"。

3. 黄茶的特点是"黄叶黄汤"。制法比绿茶制法多了闷堆工序。珍品是"君山银针"，产于洞庭湖中一个叫君山的小岛，茶叶芽头苗壮，芽身金黄，紧实挺直，茸毛密盖，长短大小均匀，誉称"金镶玉"。冲泡后，香气清新，汤色浅黄，滋味甜爽，叶底透明。

4. 黑茶的特点是"叶色油黑或褐绿色，汤色橙黄或棕红色"。制法主要是渥堆变色，即茶叶揉捻后，渥堆20多小时，使叶色变为油黑。黑茶中的佼佼者是普洱茶和六堡茶。普洱茶产于云南省南部，茶性温和，具有药效，可以醒酒、消食、化痰。宋代诗人王禹偁写诗赞美普洱茶的香味和茶形，诗曰："香于九畹芳兰气、圆如三秋皓月轮。爱惜不赏惟恐尽，除将供养白头亲。"六堡茶产于广西苍梧县，主要销往港澳地区和南洋一带。黑茶色彩黑褐且有光泽，汤色红亮呈琥珀色，滋味醇厚，带有槟榔味和烟味。

5. 白茶的特点是"汤色杏黄"，制法分为萎凋、干燥两道工序。传统的白茶不揉不捻，形态自然，茸毛不脱，白毫满身。福建北部出产的"白毫银针"堪称魁首，它形如尖针，色如白银，芽肥壮、茸毛厚、富光泽。茶味香气清新，滋味醇和。有健胃提神之效，退热降火之功。

6. 青茶又称乌龙茶。特点是"汤色金黄"。制法经过萎凋、做青、炒青、揉捻、干燥五道工序。产于福建武夷山一带的武夷岩茶是乌龙茶中的上品。它外形肥壮均匀，紧结卷曲，色泽绿润带宝光，内质馥郁质隽永，胜幽兰之香。茶叶甘醇爽口，鲜滑回甘，富有回味，具有特别的"岩韵"。

第二部分　初级茶叶加工工操作技能

第二节　设备操作与维护

→ 能够掌握茶叶机械设备日常维护的基本知识，完成设备日常维护的实际操作工作
→ 能够掌握茶叶初制主要机械设备的简单维护和实际操作工作

一、茶叶机械设备的日常维护

随着名优茶生产的迅速发展，茶叶加工机械在广大茶区得到普及应用。在每年茶季结束后，要认真做好各类茶叶加工机械的年终保养和维护工作，因为这直接关系到机械本身效益的发挥、寿命的长短以及来年茶叶生产的顺利进行。

1. 茶叶滚筒杀青机的保养与维修

滚筒杀青机适用于各种绿茶的连续杀青作业，常用的有30型和40型两种，热源形式有煤或柴式和电热式。它是茶叶加工中最常用的机械。其保养和维修要点如下：

（1）更换蜗轮蜗杆减速箱内的润滑油，润滑油可选用10号、20号或30号机油。

（2）清除所有摩擦面上的污垢，尤其是要清洗链条和链轮，重新加注润滑油。

（3）链条若过松，可先采取去掉几节的方法进行调整，若已严重拉长，则应更换。调整和更换链条时应注意：链条接头处弹簧卡片的安装方向应与链条的运转方向一致，以免运行时产生冲击、跳动，甚至碰撞脱落。

（4）对所有滚动轴承进行拆洗，并加注新的润滑脂，可采用钙钠基润滑脂。

（5）检查炉灶是否漏烟，若发现漏烟，应对滚筒挡烟圈、炉灶和烟囱等进行检查，发现损坏应及时修复和更换。电热机型应检查电热管有无损坏，有损坏的应予更换。

（6）各部件修复后进行全机组装，开机运转，观察机器运转是否正常。适当加热滚筒，并投入少量炒茶专用油，使其熔化覆盖筒体内表面，然后切断所有电源。必要时可对机器外表补喷油漆，干燥后用塑料纸覆盖，置干燥场所保存。

2. 茶叶揉捻机的保养与维修

揉捻机是茶叶加工中结构比较成熟的机械，常用的型号有25型、30型和35型等，加压形式有重锤式和单柱丝杆两种。揉捻机靠V带传递动力，在年终保养时，最好更换新带，以保证来年的正常运转。选用的V带，其长度和型号应参照使用说明书。V带截面型号应与轮槽型号一致，以保证V带截面在轮槽中的正确位置。新装的V带外缘可略高于轮缘。新V带装上或在以后的运转中，其张紧度应保持适当，过紧则V带易损坏、轴承易发热，过松则会造成传动时V带打滑。在一般情况下，V带的张紧度以大拇指能按下15 mm左右为宜。

3. 茶叶自动烘干机的保养与维修

自动烘干机是茶叶加工中结构较为复杂的机械。生产中使用的主要有总摊面积为 $1\ m^2$ 和 $3\ m^2$ 等规格，大部分采用网带式结构，单独设金属热风炉提供热风。当发现烘

单元 4

网有损坏时，应及时更换。更换方法为：先将该层烘网主传动端链轮卸下，操作者面向机器，在机器左侧将该层烘网主、被动轴端端盖上的螺栓拧下，抽出主、被动轴部件，打开观察门，将烘网链条取出箱体，换上新烘网时，每间隔 6～8 根托网辊用不锈钢丝将烘网与托网辊绕拧紧固，然后按上述相反步骤安装调试。注意在以被动轴两端的调距座调整烘网链条张紧度时，链条不可过紧或过松，并且左右两根链条张紧度必须保持一致。另外，还应检查与自动烘干机配套使用的热风炉各部件，如炉膛、炉栅、烟囱、内壁以及热风管道接头等处有无损坏，如有损坏，应修复或更换。该机减速箱、轴承、链条的保养同上述。

4. 真空包装机的故障分析及处理

(1) 真空度低

1) 故障原因。泵油污染、过少或过稀，抽气时间太短，抽气过滤器堵塞，有漏气处等。

2) 处理办法。清洗真空泵，更换新真空泵油；延长抽气时间，清洗或更换排气过滤器；抽空后关闭电源，检查电磁阀、管接头、真空泵吸气阀及工作室周边密封垫有无漏气处。

(2) 噪声大

故障原因：真空泵联轴器磨损或破裂，排气过滤器堵塞或安装位置不正，有漏气处。

处理办法：更换，清洗或更换排气过滤器并安装正确，检查电磁阀是否有漏气并排除。

(3) 真空泵喷油

故障原因：吸气阀 O 形圈脱落，旋片磨损。

处理办法：拔下泵嘴上的真空管，卸下抽气嘴，取出压簧和吸气阀，轻轻拉伸 O 形圈几次，重新将其嵌入凹槽内，再安装即可。更换旋片。

(4) 真空泵漏油

故障原因：回油阀堵塞，油窗松动。

处理办法：卸下回油阀，清洗。放油后，卸下油窗，缠上生料带或塑料薄膜。

(5) 真空泵油烟大

故障原因：抽气过滤器堵塞或污染，泵油污染，回油阀堵塞。

处理办法：清洗或更换排气过滤器，更换新油，清洗回油阀。

(6) 不加热

故障原因：加热条烧断，加热时间继电器烧坏（开机即两灯同时亮，OMRON 灯颜色为黄色），加热线烧断，控制加热温度波段开关接触不良，控制加热的交流接触器不复位，加热变压器损坏等。

处理办法：更换加热条、时间继电器、加热线或加热变压器，并安装牢固；修复或更换加热温度被移开关和交流接触器等。

(7) 加热不停止

故障原因：加热时间继电器接触不良或烧坏，控制加热交流接触器不复位。

处理办法：调整时间继电器与插座的接触或更换继电器，修复或更换交流接触器。

(8) 封口不平、不紧或不封口

故障原因：钢盒变形，加热时间与加热温度未调好，加热布上有附着物，加压电磁阀不动作，气囊破损，加压气管破损等。

处理办法：调整钢盒，调整加热时间和加热温度，用指甲轻轻刮去附着物，清洗或更换电磁阀，更换气囊，修理或更换加压气管。

(9) 不放气

故障原因：冷却时间继电器坏（电器箱内），放气阀线路断路，放气阀粘住或烧坏。

处理办法：更换时间继电器，查找并接好放气阀线路，拆下清洗或更换放气阀。

(10) 一边加热，一边不加热

故障原因：不加热一边的包装袋压条与加热装置短路（一般与铜焊片短路）。

处理办法：调整铜焊片位置，或修整包装袋袋压条。

(11) 泵转不抽真空

故障原因：工作室未盖严，电动机反转，熔丝断（指示灯亮）（不要换地线，花色线为地线）。

处理办法：将工作室盖严，更换相同规格熔丝等。

(12) 合盖不工作

故障原因：没有电源，行程开关未动作，熔丝断（指示灯亮）。

处理办法：查看有无电源，调整行程开关拨片，更换相同规格熔丝。

(13) 频繁烧保险

故障原因：有短路处，电动机反转时间过长，排气过滤器堵塞，油黏度太高，保险盒内拨片有短路处等。

处理办法：查找并排除短路，任意两相电源线调换安装（地线除外），清洗或更换排气过滤器，清洗泵并换油；修复保险盒内拨片。

(14) 跑袋

故障原因：加压阀坏或堵塞，加压气路通气不畅等。

处理办法：更换或清洗加压阀，理顺疏通加压气路。

二、茶叶主要机械设备操作规程

在现代化、机械化、洁净化、规模化大生产的条件下，熟练掌握和准确操作茶叶初制主要机械设备已成为制茶工作者不可或缺的技能之一。根据茶叶加工工作的实际需要，几种茶叶加工机械操作规程如下：

1. 6CSF500型超高温热风杀青机操作规程

(1) 开机前的准备工作

1) 清除炉体和杀青机内的杂物。

2) 检查各紧固件和连接螺栓的紧固情况。

3) 检查各润滑部位润滑油（脂）的情况是否良好。

(2) 机器保养

1）工作时有不正常的声音，应及时停机检查，消除故障后才能继续工作。

2）如因特殊情况，需要紧急停炉，应停掉鼓风机、引烟机，打开炉门挖出燃煤，使炉膛尽可能快地降温，以免烧坏炉膛；

3）经常检查润滑油（脂）情况，应及时加足润滑油（脂）。

2. 6CR55（Ⅱ）型茶叶揉捻机操作规程

使用前的准备工作：

（1）清除揉盘及机器，检查坚固件、润滑油脂、转向及转动。

（2）异常处理：机器有发热、漏油、振动及噪声情况，应立即停车检查，消除故障后方可继续工作。

3. 6CHT100型转筒式烘干机操作规程

（1）开机前的准备工作

1）清除炉体和筒体内的杂物。

2）检查各紧固件和连接螺栓的紧固情况。

3）检查各润滑部位的润滑油（脂）的情况是否良好。

4）用手转动皮带，检查有无卡阻和不正常情况。

（2）机器保养

1）工作时有不正常的声音，应及时停机检查，消除故障后才能继续工作。

2）若遇意外需降低热风温度，可关小引烟机的风门蝶阀开度，加煤压火，必要时采用停止引烟机、关闭火幕风风门、打开炉门的办法来降低温度。

3）经常检查润滑油（脂）情况，应及时加足润滑油（脂）。

4. 6CH3—20型链板式烘干机操作规程

（1）开机前的准备工作

1）检查变速装置和烘板的运转方向，确认转向正确，无卡阻和不正常情况。

2）调整链轮中心距，使链条松紧适度。

3）检查各润滑部位的润滑油（脂）的情况是否良好。

4）检查各紧固件和连接螺栓的紧固情况。

（2）机器保养

1）工作时有不正常的声音，应及时停机检查，消除故障后才能继续工作。

2）若遇意外需降低热风温度，可关小引烟机的风门蝶阀开度，加煤压火，必要时采用停止引烟机、关闭火幕风风门、打开炉门的办法来降低温度。

3）经常检查润滑油（脂）情况，应及时加足润滑油（脂）。

5. 6CCP—110型瓶式炒干机操作规程

（1）开机前的准备工作

1）清除炉体和筒体内的杂物。

2）检查各紧固件和连接螺栓的紧固情况。

3）检查各润滑部位的润滑油（脂）的情况。

4）用手转动带，检查有无卡阻和不正常情况。

（2）机器保养

第二部分　初级茶叶加工工操作技能

1）工作时有不正常的声音，应及时停机检查，消除故障后才能继续工作。

2）若遇意外需降低热风温度，可关小引烟机的风门蝶阀开度，加煤压火，必要时采用停止引烟机、关闭火幕风风门、打开炉门的办法来降低温度。

3）经常检查润滑油（脂）情况，应及时加足润滑油（脂）。

三、名茶加工机械设备操作规程

1. 6CST 系列微型滚筒杀青机操作规程

（1）使用前的准备工作

1）检查紧固件是否紧固可靠，并仔细清理滚筒内壁，保持清洁。

2）必须认真检查电源情况、接地和保护情况，以保障人身与设备的安全。

3）检查各润滑部位的润滑油（脂）的情况是否良好。

（2）机器保养

1）工作时有不正常的声音，应及时停机检查，消除故障后才能继续工作。

2）如遇停电停产应立即脚踏倾斜滚筒，手旋端面轴套迅速排出滚筒内茶叶。

3）经常检查润滑油（脂）情况，应及时加足润滑油（脂）。

2. 6CLZ—60 型振动理条机操作规程

（1）使用前的准备工作

1）必须认真检查电源情况、接地和保护情况，以保障人身和设备的安全。

2）检查各紧固件是否可靠，拧紧松动的紧固件。

3）清除多槽锅内、机器表面上的杂物，用布擦拭干净。

4）对连杆、滑套等运动部位加注适量的润滑油。

（2）机器保养

1）工作过程中发现机器有卡阻、碰撞和异常声响现象时，应立即停机检查。

2）经常检查润滑油（脂）情况，应及时加足润滑油（脂）。

3. DXWS—9D 型茶叶微波杀青干燥设备操作规程

（1）检查设备的整体情况。

（2）检查传送带上是否有其他物品，观察门是否关好，主电源三极小型断路器及控制磁控管工作回路的单极小型断路器是否转于"OFF"位置，两条湿毛巾是否准备好。

（3）一切正常后接通主电源，打开电源钥匙开关，"电源指示"和"保护指示"灯亮。此时若"开门指示"灯亮，表明门没关好，须把门关好。

4. 6CTH—60 茶叶提香机操作规程

（1）开机前的准备工作

1）检查各工作部位是否正常，螺栓、螺钉等紧固件是否可靠，电源接线是否正确，地线要接妥。

2）开机前先用手转动筒体检查其是否灵活，方可启动电机。

（2）机器保养

1）工作时有不正常的声音，应及时停机检查，消除故障后才能继续工作。

2）经常检查润滑油（脂）情况，应及时加足润滑油（脂）。

3）茶季结束后，应全面检查机器。

四、茶叶精制机械设备操作

1. 6CFX—1、500 型茶叶风选机

（1）开机前的准备工作

1）检查各工作部位是否正常，螺栓、螺钉等紧固件是否可靠，电源接线是否正确，地线是否接妥。

2）风选掌握的主要技术是调节风力和下茶量。

3）调节风力，调整进风口、出茶口的开合，天门的高低、分隔板的高度与角度。

（2）机器保养

1）工作时有不正常的声音，应及时停机检查，消除故障后才能继续工作。

2）茶季结束后，应全面检查机器。

2. 6CYS—73 型平面圆筛机

（1）开机前的准备工作

1）检查各工作部位是否正常，螺栓、螺钉等紧固件是否可靠，电源接线是否正确，地线是否接妥。

2）根据茶坯品质，特别是外形的好坏合理配备筛网，即"看茶配筛"，茶坯品质好筛网可放松，品质差则应适当收紧。

3）茶叶的流量与清筛直接影响分离效果，流量适当和清筛及时分离效果良好。流量过大或清筛不及，能穿过筛网的茶叶也因筛网堵塞或浮在上层而不能通过筛网，影响筛分效果；流量过小，则生产率不高。

（2）机器保养

1）工作时有不正常的声音，应及时停机检查，消除故障后才能继续工作。

2）茶季结束后，应全面检查机器。

3. 6CJT—82 阶梯式茶叶拣梗机

（1）开机前的准备工作

1）检查各工作部位是否正常，螺栓、螺钉等紧固件是否可靠，电源接线是否正确，地线是否接妥。

2）掌握好茶叶长短，利用手柄来调节茶叶通过间歇。

（2）机器保养

1）工作时有不正常的声音，应及时停机检查，消除故障后才能继续工作。

2）茶季结束后，应全面检查机器。

4. 6CLH—60 型六角辉干机操作方法

（1）启动电动机使筒体运转后，方可接通红外电热管加热装置的电源加热筒体。

（2）当筒体内空气温度达到复炒作业所需的温度（80～90℃）时，方可投入复炒叶，含水量10%左右辉炒时。

（3）根据名优高档茶制作工艺要求和茶叶品种特点，确定投叶量；为确保茶叶品质，投叶必须一次完成。

(4) 随时观察辉炒程度，适时启动排湿风扇强制排湿。

(5) 当达到辉炒工艺要求时，应立即扳动倒顺开关，使筒体反转，脚踏进料口端的机架使筒体前倾，并启动排湿风扇，使筒体内茶叶快速排出机外。

(6) 三挡控制开关改变起功率大小，进行调整控制，当温度达不到要求时，应及时检查维修；作业完毕后，应切断电热管电源，当筒体温度降至50℃以下时方可停机。

(7) 将筒体内残留叶清除干净，清理机器表面，保持外观整洁。

五、辅助工具的操作

1. 竹制品用具

竹制品用具包括茶篓、茶箩、茶匾（又分大、中、小）、茶簸箕（有大、小两种）、茶床（揉茶用）、刷帚等。

2. 石制品用具

磨锅石有磨光铁锅表面的作用，大火将茶锅烧红后，用磨锅石对锅的表面用力作圆周运动。因为茶锅特别是杀青茶锅很容易沾上一层厚厚的茶汁，若不及时清除，继续使用很不方便，会直接影响杀青叶的质量要求。

3. 其他用具

其他用具主要包括抹布、照明用的煤油灯（此灯的造型很别致，材料是白铁皮，主体为一圆柱体，高约15 cm，口沿下方相对点焊接两根灯芯管，各管插入棉制的灯芯，灌入煤油点燃后供照明，称为"两头忙"）、茶柴（大部分都是选取松木、柏子木、其他结实的柴木作为燃料，有的全部选用板栗树作燃料）等。

4. 辅助设备的使用方法

目前，茶叶加工企业的机械化程度已得到极大的提高，传统的茶叶加工辅助设备正逐渐退出历史舞台。现在仅存于茶叶加工过程中的辅助设备有这样几种：竹筛，用于手工隔末、清理少量的地角茶和少量试制品的手工作业；簸箕，用于临时存放少量的待制品或簸去少量的不能上机的茶叶；小棕扫帚，用于清扫制茶设备表面的不干净物品等。

六、注意事项

茶厂机器维护的目的是保证机器正常运转。正常运转，就是机器的主要技术参数达到说明书的规定，而不只是机器能够运转而已。皮带拉长、烘板变形不调换，棱骨磨损置之不理，虽然机器还在运转，但工作已经异化"走样"，茶叶加工品质也已波动下降，都属于不正常运转。因此就要对茶叶加工设备进行维护：

1. 按规定检查与保养机器。
2. 正确调整工作部件与各部间隙。
3. 了解使用规程，监督操作。
4. 排除故障，修理损坏零件。

七、相关知识

1. 茶叶机械使用过程中日常维护的要求

主要加工过程控制

茶厂设备的使用、维护与保养以保证正常运转为目的，因此其使用、维修必须具备：

（1）配备必要的工具、维修设备与场所。
（2）要求拥有机器使用维修说明书或复印件。
（3）参与新机的验收与安装调试。
（4）要求得到必要的培训。

2．初制、名茶加工、精制机械操作规程

各种机器均有各自特定的操作步骤，即操作规程。按操作规程所规定的操作步骤进行工作，既能保证机器的正常运转，又能延长机器的使用寿命，满足制茶工艺的要求，达到安全生产的目的，降低零配件与修理的消耗。各种机器的操作规程在产品使用说明书中均作了详细的说明，因此，操作人员必须在使用前认真阅读，熟悉操作规程，绝不能不了解操作规程就急于上机操作。

操作规程因机器不同而有所差异，但一般的规律和内容大致相同，先归纳如下：

（1）运行前的准备

1）清楚机器及附近的杂物，保持机器的清洁。

2）检查螺钉、螺母等零部件的紧固情况。如有松动应及时拧紧，以防在运转中松脱，影响机器的正常运行。

3）检查各传动胶带、链条的松紧程度是否适当。若过紧则难以启动，导致超载；过松则易脱落，应及时调整。

4）检查电气设备是否安全可靠，接地装置是否牢固等。

5）检查各润滑系统的润滑剂是否加足，以免在运行中失油发热而增大机器的磨损。

6）各部位检查确认后，应进行试运转。在试运转过程中，进一步检查各工作部件是否正常，各传动部分是否平稳，输送装置的运转方向是否正确等。一旦发生情况不正常，应立即停机检查，待故障排除后方可继续试车。经试车确认一切正常后，才能正式操作使用。

（2）操作步骤

1）对全机各连接件、传动件等作一次全面的检查，并在各润滑点上加注润滑剂。

2）清扫机器和工作面。

3）启动机器作试运行，观察全机的运行情况。如发现有不正常现象，应停机检查。

4）对需加热的机器，应先生火加热，然后开动机器（先开主机）使之均匀受热。

5）在各出茶口放置好接茶器具，待温度达到制茶工艺要求后开始上叶。

6）在整个操作过程中，应随时按制茶工艺要求进行必要的调整，并注意各部分的运转和工作情况，如发现异常，应找出原因，必要时应停机检修，待故障排除后方可继续开机作业。

7）茶叶加工完毕后，停机（先停辅机，后停主机）打扫机器、工作场面和场地卫生。

单元 4

第三节 在制品茶的质量控制

→ 能够掌握茶叶初制加工过程杀青、揉捻、干燥工序的基本要领
→ 能够完成茶叶初制加工过程杀青、揉捻、干燥工序的基本操作

一、杀青叶杀青程度、匀度的判断

杀青对绿茶品质起着决定性作用。通过高温，破坏鲜叶中酶的特性，制止多酚类物质氧化，以防止叶子红变；同时蒸发叶内的部分水分，使叶子变软，为揉捻造型创造条件。随着水分的蒸发，鲜叶中具有青草气的低沸点芳香物质挥发消失，从而使茶叶香气得到改善。除特种茶外，该过程均在杀青机中进行。影响杀青质量的因素有杀青温度、投叶量、杀青机种类、时间、杀青方式等。它们是一个整体，互相联系，互相制约。

1. 杀青叶杀青程度的判断和控制

随锅转动的鲜叶，由于受高温和旋转与挤压作用力的影响，叶色由鲜绿转为翠绿，叶片失去光泽，手捏成团，有弹性感，微感刺手，叶质较柔软，嫩茎梗折而不断，无红梗红叶现象产生，青草气消失，茶香显露，即表示为杀青程度适宜。杀青叶出锅后，要立即进行摊凉，摊凉至热气散尽后，再转入揉捻。

按杀青程度调整投叶量的多少，以匀叶器的高低来控制。在杀青过程中，应随时检查出叶情况。如杀青程度偏嫩，应放低匀叶器，减少投叶量；如杀青程度偏老，则升高匀叶器，以增加投叶量。杀青时，应随时检查炉温，尽量使温度稳定。该机温度在前中部250℃左右，尾端140℃左右，转速 28 r/min，杀青时间 4～6 min；转速 21 r/min，时间为 8～10 min。每小时杀鲜叶 225～250 kg，最高达 260 kg，最低 175 kg。嫩叶、雨水叶转速应慢些，以增加杀青时间，投叶量应少些；反之，老叶转速应快些，投叶量应多些，以减少杀青时间。当杀青结束时，必须在结束前 30 min 降温，不要再加燃料，以免结束时产生焦叶。

杀青叶质量的好坏是决定茶品质的重要因素，杀青叶适度的判断方法有两个：一是以杀青叶外观来表示，二是以杀青叶减重率或杀青叶含水量来表示。

杀青叶适度的主要标识是：叶色暗绿，叶面失去光泽，叶质柔软，萎卷，折梗不断，手握捏成团，松手不易散开，略带有黏性，青草气消失，清香显露。

此外，还可用生化方法来鉴定杀青叶中酶的活性，若酶的活性完全破坏，即杀青充足。

2. 杀青程度、匀度判定

杀青程度、匀度可以用理论指标减重率和杀青叶含水量和感观适度标准来衡量。

（1）杀青适度理论上衡量指标。不同鲜叶标准其减重率和杀青叶含水量指标也不一样，见表4—18。

表4—18　　　　　　　　杀青叶适度的含水量指标　　　　　　　　　　　　　%

鲜叶嫩度	杀青叶含水指标
嫩	58～60
中老	61～62
老	63～64

（2）感观适度标准的判定。杀青后的茶叶香气显露，青气消失，叶色由鲜绿转为暗绿，无红梗红叶，手捏叶软，略有黏性，折梗不断，紧捏叶子成团，稍有弹性。

二、全发酵茶、半发酵茶发酵情形的判断

全发酵茶就是在相对受控的条件下让其完全发酵，因其所需时间较长，所以制茶时都在重萎凋之后先行揉捻。如果要制成碎形红茶，也趁此机会将之切碎，然后专设一间"发酵室"，让其在一定室温与一定湿度之下快速发酵。红茶是全发酵茶，乌龙茶是半发酵茶，其他茶都是在杀青之后再发酵。

如果注重茶叶的外形，制造时不切碎，制成的条形红茶就是功夫红茶，通过揉切而成的碎形红茶则是红碎茶。

全发酵茶的制造工艺为鲜叶萎凋→揉捻（切）→发酵→干燥。

半发酵茶中的前发酵性茶就是在相对受控的条件下让经处理的鲜叶部分氧化红变，再通过杀青工艺技术来固定品质。

半发酵茶（乌龙茶）的制造工艺为鲜叶通过摊放→摇青→摊青→杀青→揉捻或包揉→干燥。

因此，对茶类质量的判断主要还是看其品质质量是否符合该茶类的品质特点。

三、毛茶含水量的判断

各类毛茶储存的含水量在6%～7%之间，才能保证品质稳定。含水量超过8%时，茶叶易陈化，超过12%时易霉变。因此，可用毛茶干度感官测定法来测定毛茶含水量。含水量不同，毛茶的软硬程度以及手捏茶叶时感觉的强弱、茶叶受力后发出的声音等各不相同。在手测水分时，力的作用可概括为六个字，即抓、握、压、捏、捻、折，和看、听、嗅相结合，不同茶类在其含水量不同时，外观表现和感觉反映是不同的，现以条形茶举例作如下说明：

毛茶含水量在3.5%～5%时：抓茶一把，用力紧握很刺手，发出"沙沙"声，条脆，手捻末很细，嫩梗轻折即断，茶味香高。

毛茶含水量在7%左右时：抓茶一把，用力紧握，感觉刺手，有"沙沙"声，条能压碎尚脆，手捻成粉末，嫩梗轻折即断，茶味香气充足。

毛茶含水量在10%左右时：抓茶一把，用力紧握，有些刺手，条能折断，手捻有片末，嫩梗稍用力可断，茶味香气正常。

毛茶含水量在13%左右时：抓茶一把，用力紧握，微感刺手，条无明显折断，手捻略有细片，间有碎茶，嫩梗用力可折断，但梗皮不脱离，用力小时呈弯曲状。

毛茶含水量在16%左右时：抓茶一把，用力紧握，茶条弯曲，张手时逐渐伸展，手捻略有碎片，嫩梗用力折不断，嗅茶香时有水闷气，茶香气不足。

四、注意事项

1. 杀青工序注意事项

（1）质量标准不同的鲜叶要分开杀青，根据杀青叶不同形态、茎细嫩、叶质薄厚、含水量的不一，掌握时间及火温要求也应有所不同。

（2）火温控制适当，温度应先高后低，防止杀青叶烧焦。杀青时间不宜太长，防止失水太多，叶片干枯、碎裂。火温不宜太低，闷炒时间不宜太长，防止叶片氧化红变。杀青适度的叶质柔软，便于揉捻成条做形。

2. 揉捻过程的掌握要领

（1）杀青叶出锅后，应稍透散水汽，随即温揉，温揉叶质柔软易卷曲成条造型。

（2）揉捻的力度应先轻后重，宜逐渐加压，以揉出茶汁为适度，不宜用力过重。

（3）如外形不紧结，要进行第二次复炒、复揉，以增强外形条索紧结。

（4）揉捻过程中，应避免叶温升高，防止水闷味产生。揉好的茶叶要及时解块、薄摊，并及时烘焙，防止茶叶继续氧化，导致成茶滋味欠爽、汤色暗红。

3. 干燥过程的掌握要领

干燥是茶叶品质优劣的关键环节之一。茶叶不能一次性干燥，在干燥过程中一定要根据茶叶变化情况，注意调节温度。第一次干燥火温宜高一些，复烘火温宜低，以促进茶叶色泽和香气、滋味的形成。第三次烘干时，火温应掌握在70~80℃，烘至足干一般需2 h左右。

五、相关知识

1. 在制品茶的质量要求

茶叶在制品茶的形态按照加工环节的不同大致可分为初制加工在制品（鲜茶），精制加工在制品（毛茶），再加工过程在制品（窨制花茶用的茶坯），分装加工在制品（各级各类成品茶）四种。这里只介绍初制加工在制品（鲜茶）的质量要求。

初制加工在制品——鲜茶叶的采摘标准因生产品种而异，主要有独芽、一芽一叶初展、一芽一叶、一芽二叶和一芽二三叶等，总的质量要求是名茶鲜叶不带鳞片，所有鲜茶叶不带鸡爪枝，无红变，不带杂质和杂物。在采摘、收购和运输过程中要保证鲜茶叶的清洁，名茶鲜叶用自制专用茶簸摊放。总之，鲜茶叶进厂的质量控制就是控制鲜茶叶的纯度和净度。

（1）鲜叶摊放。摊放时根据原料、气温高低及摊放厚度进行时间控制，一般每平方米摊叶7.5~10 kg。气温较高时应注意翻动（以防止红变），经4~6 h后，失水7%左右即可开始下一道工序。

（2）杀青。杀青的目的主要是利用高温迅速破坏酶的活性，制止多酚类氧化，防止产生红梗、红叶，使茶叶部分失水便于做形，去除青草味，为增加茶香打基础。

（3）揉捻、做形、烘干。此过程因干茶品种不同而有不同的制作工序，如加工针形名茶和毛峰，一般要经过理条、辉锅、烘干等；加工明前绿、大宗绿等一般要经过揉捻、二青、二揉、三青、烘干等。在整个做形、烘干阶段，主要是凭经验根据茶叶在制品干湿度掌握火力和时间等，就质量要求而言就是尽可能达到所需产品的外形、色泽、香气、滋味等品质要求，避免过多的碎断，防止炒焦。毛茶必须经检验合格后才能进行精制或销售。

2. 茶叶机械设备技术参数的调节方法

茶叶加工设备技术参数的调整，指的是茶叶加工设备的技术参数产生误差时要做出及时的相应变化调整。这种相应变化的调整多发生在温控装置设备出现误差时，例如多功能理条机的温控装置有时就会出现此类间隙性误差。

多功能理条机的温控装置出现误差的表现为：温控设置的读出温度与实际效果温度不一致。例如多功能理条机在进行理条作业时，温控设置的读出温度为80℃，按照操作的规定时间加压力棒时，发现茶叶的表面温度未达到工艺要求的温度，理条作业的效果甚微。对该台机器设备进行反复测试验证发现，其实际温度与温控设置温度相差达20℃，而检查温控设施时却未发现异常。

处置方法：对该台机器设备作排差处理后再恢复正常运行，达到预期的理条效果。具体操作是，温度相差达20℃就提高设置温度20℃。即将温控设置的读出温度80℃提高为100℃。

第5单元

质量检验

- 第一节　茶叶质量要求 /127
- 第二节　包装储存 /143

  茶叶质量检验是监管进出口茶叶质量的一种手段。根据需要由国家颁布有关法令、条例和相应的检验标准（包括实物样茶），通过感官、理化、仪器等检测方法，对应检茶叶实施包括品质、卫生、包装和数量等项的鉴定。

  茶叶质量的感官鉴别就是凭借人体自身的感觉器官，通过用眼睛看、鼻子嗅、耳朵听、用口品尝和用手触摸等方式，对茶叶的色、香、味和外观形态进行综合性的鉴别和评价。

  茶叶品质的优劣最直接地表现在其感官性状上，通过感官指标来鉴别食品的优劣和真伪，不仅简便易行，而且灵敏度高，直观实用。与使用各种理化、微生物的仪器进行分析相比，有很多优点，因此，它也是茶叶生产、销售、管理人员所必须掌握的一门技能。

第一节 茶叶质量要求

→ 了解各类茶的鲜叶、毛茶、成品质量要求
→ 了解茶叶、毛茶储运过程中的包装运输要求
→ 熟悉非茶类夹杂物的种类

一、不同等级鲜叶的区别

茶叶初制质量要求包括绿茶、黄茶、黑茶、白茶、青茶、红茶六大茶类的初制鲜叶质量要求和成品（毛茶）质量要求。

1. 鲜叶质量要求

鲜叶是指从茶树上采摘下来的新梢、芽叶。换句话说，鲜叶是按照所制茶叶的标准从茶树上采摘下来的新鲜芽叶。茶树的鲜叶是制造各类茶叶的原料，鲜叶内的各种化学物质如水分、多酚类化合物、蛋白质、氨基酸、芳香物、糖类、酶类、色素、生物碱等是构成茶叶品质的物质基础。鲜叶质量的优劣是决定茶叶质量高低的内在因素，包括鲜叶嫩度、匀度、新鲜度三项指标。

（1）鲜叶嫩度。鲜叶嫩度是指茶树芽叶伸育的成熟度。茶树新梢在自然生长状况下，当春季气温上升到10℃以上茶芽开始萌发。芽叶从营养芽伸育起来，逐步展叶，芽由大变小直至成为驻芽。通常情况下，新梢展叶数越多，成熟度越高即嫩度越低。如单芽嫩度高于一芽一叶初展，一芽一叶初展嫩度高于一芽一叶开展，一芽二叶初展嫩度高于一芽二叶开展，一芽二叶嫩度高于对夹二叶等。

不同品种、不同档次的茶对鲜叶嫩度的要求也有所不同。

1）制造绿茶对鲜叶嫩度的要求。制造绿茶因所制品种、档次不同对鲜叶嫩度的要求不同。有要求以单芽为主的，如高档竹叶青、蒙顶石花特级；有以一芽一叶初展为主的，如黄山毛峰特级、碧螺春特级、龙井、蒙顶甘露等；有以一芽二三叶为主的，如六安瓜片、大宗绿茶等。

2）制造黄茶对鲜叶嫩度的要求。制造黄茶因所制品种不同对鲜叶嫩度要求不同。要求单芽的有君山银针、蒙顶黄芽，要求以一芽一叶、一芽二叶初展为主的有霍山黄芽和鹿苑毛尖，有以一芽一二叶或一芽二三叶为主的有北港毛尖和沩山毛尖，要求以一芽三四叶或一芽四五叶为主的广东大叶青和霍山黄大茶。

3）制造黑茶对鲜叶嫩度的要求。制造黑茶对鲜叶嫩度的要求因产地、品种不同而差距较大，但总的来说较制其他茶类茶鲜叶嫩度要求低。湖南黑茶鲜叶嫩度要求一芽三四叶至一芽五六叶，云南黑茶要求一芽二三叶至一芽五六叶，广西黑茶要求一芽二三叶至一芽三四叶。湖北老青茶鲜叶较为特殊，按新梢皮色分洒面、底面和黑茶，"洒面"，以白梗为主，稍带红梗（嫩茎基部呈红色）；"底面"以红梗为主，稍带白梗；"黑茶"则为当年新生红梗，总的要求是不带枯老麻梗和鸡爪枝，不可过嫩或过老。四川黑茶因品种不同（鲜叶原料），嫩度要求也不同，南边茶原料要求从茶树割下的枝叶（修剪枝叶）和采下的老叶（落地叶、病虫腐烂叶不要）为主，少量低档绿色茶作洒面；康砖原料以老叶为主，方包茶原料是以1～2年生或多年生的茶树枝叶为主（梗子约占60%，叶子约占40%）。

4) 制造白茶对鲜叶嫩度的要求。白茶因品种不同对鲜叶嫩度要求不同，白毫银针要求单芽，白牡丹要求一芽二叶。

5) 制造青茶对鲜叶嫩度的要求。青茶对鲜叶嫩度要求总的来说要有一定的成熟度，实行"开面采"（嫩梢生长成熟，出现驻芽时采），小开面（顶叶面积为第二叶的30%左右）采三四叶，中开面（顶叶面积为第二叶的60%左右）采二三叶，大开面（顶叶面积为第二叶面积的80%左右）采二叶。台湾乌龙对鲜叶嫩度要求较内地高，一般采一芽二三叶。

6) 制造红茶对鲜叶嫩度要求。红茶对鲜叶嫩度的要求因级别档次不同而不同，要求可从一芽一叶初展到一芽三四叶不等。

(2) 鲜叶匀度。同一批鲜叶质量的一致性称为鲜叶匀度。

匀度是鲜叶质量的主要因素之一，也是制造各类茶叶对鲜叶质量的统一要求。鲜叶匀度不仅反映叶形大小的一致性，而且还反映茶树品种、生长环境、茶园管理、鲜叶采摘，以及鲜叶嫩度、色泽的一致性。茶树品种不同，叶片大小差异较大（如大、中、小叶品种）。茶树生长环境和茶园管理是影响茶树生长发育的重要因素，如长期接受漫射光的鲜叶比接受直射光的鲜叶叶质肥厚，持嫩性好。鲜叶采摘标准与鲜叶匀度密切相关，采摘标准就是规定采摘茶树新梢的部位即采单芽、一芽某叶等。在生产实际中，鲜叶的匀度还没有一个绝对的量来衡量。在一批鲜叶中某个标准的鲜叶达到70%左右，就可以认为该批鲜叶与这个标准一致，比例越大则匀度越好。

(3) 鲜叶新鲜度。鲜叶新鲜度是指鲜叶保持原有理化性状的程度，也是鲜叶质量的主要指标之一。鲜叶失鲜表现在叶色变暗、清新的香气减退，各种内含物分解等，这个过程与茶叶加工工艺中的摊放、萎凋不同。前者带有很大的随意性，外部条件不稳定。当遇到不利于制茶品质的条件如高温、过度失水、时间延长、外力等，鲜叶的变化会朝着劣变的方向发展；而后者则是通过采用一定的技术措施，创造有利于鲜叶质量的外部条件，并严格控制其变化速度和程度。

鲜叶自离开茶树便打破了自有的生理平衡，正常的生长代谢发生紊乱，体内诸多物质发生改变，如多酚类物质的氧化，碳水化合物的分解，芳香物挥发，酯类物质的氧化分解等。由于鲜叶内含物是茶叶品质的物质基础，多数物质通过制茶技术而转化成茶叶色、香、味的有效成分和品质特征成分。内含物的变化直接影响着茶叶品质的高低。在鲜叶离开茶树与付制之间，鲜叶新鲜度易受环境条件影响而导致鲜叶发生变质。主要因素有温度、时间和外力，三者之间既相互独立，又互相联系。如鲜叶在采摘、运输途中受到外力作用，挤伤或碰伤，再遇高温天气，容器内的叶温升高，受伤芽叶会发生氧化反应，同时放出热能，促使叶温再升高，反应加速，如此反复。若时间延长，反应加大加快，鲜叶会因产生红变、异气味而变质。因此，鲜叶保鲜尤为重要。具体措施应从鲜叶离开茶树开始进行，装运容器时轻拿轻放，避免外力损伤和强烈阳光直射（能冷藏运输更好），到厂后应置专门储藏室，保持室内阴凉、干燥、通风，鲜叶薄摊，以利于散热。

2. 鲜叶等级

鲜叶的品质鉴定和分级主要是以芽叶嫩度、匀度和新鲜度为依据，结合芽叶肥瘦、叶片的薄厚、叶色的纯度、有无病虫害和损伤等因素进行感官审评定级。感官审评主要是通过视觉查看芽头的大小、肥瘦，芽叶的长度，叶片的展开程度，新梢最末一叶的老化程度，色泽是否一致，有无红变、夹杂物等，通过嗅觉辨别鲜叶的新鲜度有无异气味。要求有成熟的鲜叶还需用触觉（手抓）检查鲜叶"刺"手程度。

鲜叶等级标准因茶类、茶区，分别方法不同而有所不同。有的是以能制成符合成品茶质量标准为依据制定鲜叶分级标准。如蒙山特色名茶以采单芽、一芽一叶及一芽二叶初展的新梢为原料，鲜叶分级标准见表5—1。

表5—1　　　　　　　特色名茶鲜叶分级标准举例　　　　　　　　　%

品名级别	鲜叶组成									
	单芽		一芽一叶初展		一芽二叶初展		一芽二叶		同等嫩度单片对夹叶	
	质量	个数	质量	个数	质量	个数	质量	个数	质量	个数
蒙顶黄芽	98	96	2	3～4						
蒙顶石花特级	96	96	2	3～4						
蒙顶石花一级	20～30	30～50	60～70	50～60					5～10	3～8
蒙顶石花二级	10～20	20～40	50～60	40～50	15～20	12～20			7～12	5～10
蒙顶甘露特级	20～30	30～50	60～70	50～60					5～10	3～8
蒙顶甘露一级	0～5	0～10	70～80	70～80	10～25	8～15			5～10	3～8
蒙顶甘露二级			44～55	45～60	40～50	30～40			10～17	8～10
蒙山毛峰特级	0～5	0～10			8～15					
蒙山毛峰一级			40～55	45～60	40～50	30～40				
蒙顶毛峰二级			5～10	10～20	55～65	55～65	20～25	15～20	10～15	8～10
蒙山春露			5～10	10～20	55～65	55～65	22～25	15～20	10～15	8～10

有的是以芽叶规格、新梢长度和嫩度作为定级依据，如中国农科院茶研究所提出的名优绿茶鲜叶分级标准，见表5—2。

表5—2　　　　　　　名优绿茶鲜叶分级标准举例

级别	芽叶要求	梢长（cm）	一芽一叶初展（%）	一芽二叶初展（%）	一芽二叶（%）	一芽三叶初展（%）
特级	芽长于叶	≤3.0	≥70	≤30		
一级	芽与叶等长	≤3.5	≥20	≤70		
二级					≥70	≤20

茶类、茶区及鲜叶分级方法不同，鲜叶分级标准也有差异，如同样以第二、三叶与同等嫩度的单片叶、对夹叶的含量为分级依据，四川蒙山（大宗）绿茶鲜叶分级标准见

表5—3、表5—4。

表5—3　　　　　大宗绿茶鲜叶分级标准举例　　　　　　　　　　　　　％

级别	芽叶组成（质量）		感官指标
	一芽一叶至三叶	对夹二叶和嫩叶单片	
一级	≥60	≤30	叶质柔软，叶面呈半开展状、匀齐、色绿、新鲜、净度好
二级	≥50	≤40	叶质尚柔软、叶面呈半开展状、匀齐色绿、新鲜、净度好
三级	≥35	≤50	叶质尚柔软、叶面呈半开展状、尚匀、色绿稍深、新鲜、净度尚好
四级	≥25	≤60	叶质尚柔软、叶面呈开展状、尚匀、色绿稍深、新鲜、净度尚好
五级	≥15	≤70	叶质尚柔软、尚匀、色绿深、新鲜、净度尚好

表5—4　　　　　蒙山绿茶鲜叶分级标准举例　　　　　　　　　　　　　％

级别	芽叶组成			感官指标
	一芽一二叶	一芽二三叶	同等嫩度单片对夹叶	
特级	≥40	≥55	5～10	芽叶鲜嫩、叶质软、叶色鲜润
一级	30～39	45～54	11～18	芽叶鲜嫩、叶质软、叶润
二级	20～29	35～45	19～26	芽叶嫩、叶质尚软、叶尚润
三级	10～19	25～36	27～44	芽叶新鲜、叶质欠软、叶欠润
四级	1～9	20～30	45～65	芽叶尚新鲜、叶质稍硬、叶无劣变
五级	0～5	5～20	65～75	芽叶欠新鲜、叶质较硬、叶无劣变

鲜叶质量与鲜叶等级，既是两个具有不同含义的独立体，又是相互联系的。鲜叶质量是鲜叶品质的量度，鲜叶等级标准是具体的鲜叶质量。鲜叶质量高不等于鲜叶等级高，鲜叶的优次要依据所采制的茶类、品种花色的鲜叶等级标准来判断。总之，鲜叶质量是鲜叶品质的总量度，鲜叶等级标准是依据制茶品质的需要量应用鲜叶质量来划分。

3. 毛茶质量要求

毛茶是指鲜叶经过初制工艺加工而成的干茶。鲜叶经过哪类茶的初制工艺制成的茶叫哪类毛茶。如鲜叶经杀青、揉捻、干燥制成的干茶叫绿毛茶；鲜叶经萎凋、揉捻或揉切、发酵、干燥制成的干茶叫红毛茶。毛茶对初制来说是成品，而对精制而言却是原料，不同的茶类花色品种、档次，其毛茶质量要求不同。

（1）绿毛茶质量要求。绿毛茶根据所采鲜叶嫩度和毛茶外形特征分为名优绿茶和大宗绿茶。

1）名优绿茶质量要求。名优绿茶毛茶质量要求是应具有该品种茶的品质特征，无劣变，无异气味，不着色，不添加任何添加剂，不含非茶类夹杂物。

竹叶青、龙井、峨眉毛峰、黄山毛峰、蒙顶甘露、碧螺春品质特征（均以一级为例）见表5—5。

表 5—5　　　　　　　　　几种名优绿茶品质特征

品名	外形	内质
竹叶青	扁平挺秀，嫩绿油润，细嫩有毫，匀净	清香持久，味醇厚甘嫩，汤色黄绿明亮，叶底嫩绿匀亮
龙井	扁平，尚尖削，翠绿尚润，匀齐，洁净	嫩香，味鲜醇爽口，汤色黄绿明亮，叶底细嫩显芽
峨眉毛峰	紧细匀直显峰苗，绿润，显亮，匀净	清秀持久，味醇回甘，汤色嫩黄，清澈，叶底黄绿明亮
黄山毛峰	芽叶肥壮，较匀齐，显毫，绿润	清香，味鲜醇，汤色嫩绿亮，叶底较嫩匀，黄绿亮
蒙顶甘露	紧细匀卷，嫩绿油润，细嫩匀毫，净	嫩香持久，味鲜醇回甘，汤色杏绿明亮，叶底嫩黄匀亮
碧螺春	尚纤细，卷曲呈螺，白毫披覆，银绿隐翠，匀整，净	嫩爽清香，味鲜醇，汤绿明亮，叶底嫩绿明亮

2）大宗绿茶质量要求。大宗绿茶毛茶质量要求应具有该品种的品质特征，无劣变，无异气味，不着色，不添加任何添加剂，不含非茶类夹杂物。各种毛茶品质特征（均以一级为例）见表5—6。

表 5—6　　　　　　　　　各种绿毛茶品质特征

品名	外形	内质
长炒青	紧细显峰苗、绿润、稍有嫩茎、匀整	鲜嫩高爽、鲜醇、清绿明亮、柔嫩匀整、嫩绿明亮
圆炒青	细圆紧实、深绿光润、匀整、净	香高持久、浓厚、清绿明亮、芽叶较完整、嫩绿明亮
烘青	紧细显峰苗、绿润、稍有嫩茎、匀整	鲜嫩清香、鲜醇、清绿明亮、柔软匀整、嫩绿明亮
晒青	紧细有峰苗、深绿光润、稍有嫩茎、匀整	清香、浓厚、黄绿明亮、柔嫩有芽、绿黄明亮
蒸青	松针形夹长条、绿润、有梗片、匀整	清高、浓醇、绿明亮、柔软绿亮

(2) 黄毛茶质量要求。黄毛茶因品种不同，毛茶质量要求具有该品种的品质特征，无劣变，无异气味，不着色，不添加任何添加剂，不含非茶类夹杂物。

蒙顶黄芽、君山银针、霍山黄大茶、沩山毛尖品质特征见表5—7。

表 5—7　　　　　　　　　几种黄茶品质特征

品名	外形	内质
蒙顶黄芽	扁平挺直、嫩黄油润、全芽披毫芽、芽头苗壮、银亮披露	甜香馥郁、鲜爽甘醇、黄亮鲜活
君山银针	坚实挺直、芽身金黄	香气清郁、甘醇甜味、微黄明净、黄亮匀齐
霍山黄大茶	形似钓鱼钩，色泽金黄油润	焦香高爽、似锅巴香、滋味浓厚、汤色深黄、叶底色黄
沩山毛尖	外形叶边微卷，金毫显露，色泽黄亮、油润	松烟香气浓厚、甜醇爽口、橙黄明亮、芽叶肥厚黄亮

(3) 黑毛茶质量要求。黑毛茶因产地、品种档次不同，毛茶质量要求各异，总的要求是要符合该毛茶质量要求，相对应档次，无黑霜、白霉、青霉等霉菌。

1）四川黑毛茶质量要求。康砖洒面用四、五级晒青或烘青毛茶。茶条稍粗松，色绿黄稍枯，香味欠醇正，汤色黄稍暗，叶底绿黄稍老；金尖洒面用一、二级做庄茶（茶树上采割下来的枝叶经杀青、揉捻、渥堆、干燥后的毛茶）。做庄茶总的质量要求外形卷折成条（辣椒形）、色泽棕褐（猪肝色）、嫩、梗（红苔梗）含量5%～10%；内质香气醇正，有老茶香，滋味醇和、汤色橙黄、叶底棕褐；无落地叶和腐败叶。茯砖茶以金玉茶（手采老叶或修剪枝叶经杀青、干燥后的毛茶）为主要配料，占80%，条茶、尖茶、篾片等占15%；方包茶以采割1～2年生或多年生的茶树枝叶晒干后作原料。

2）湖南黑毛茶质量要求。外形条索卷折，色泽黄褐油润，忌暗褐；内质香气醇正，滋味醇和，汤色橙黄，叶底黄褐，忌红叶。

3）湖北黑毛茶质量要求。外形质量要求为：洒面茶外形条索较紧结，无摊叶，嫩度乌点白梗红脚，乌绿油润；底面茶外形叶片成条，嫩度多为当年新生红梗稍带白梗，色欠润泛黄。里茶外形叶片卷皱，嫩度红梗为主，色泽黄绿微花杂。净度均要求不带枯梗、老梗、麻梗、鸡爪枝、落地叶、病虫腐烂叶及其他夹杂物。内质要求：香气醇正，无青气，滋味醇正，汤色深红稍亮，叶底暗褐呈猪肝色。

4）云南黑毛茶质量要求。云南黑毛茶即云南晒青毛茶，外形肥壮、完整、色泽绿油润，内质香气高纯，滋味醇厚甘爽，汤色金黄明亮，叶底肥厚，黄绿匀亮。

5）广西黑毛茶质量要求。外形条索紧结圆直匀齐，色青褐光润，内质香气醇厚，滋味浓醇爽口，汤色红黄明亮，叶底黄褐嫩匀。

(4) 白毛茶质量要求。白毛茶因品种花色不同，毛茶质量要求具有该品种花色品质特征，无劣变，无异气味，不着色，不添加任何添加剂，不含非茶类夹杂物。

1）白毫银针品质特征。外形芽肥大显毫，呈银灰色，内质毫香清鲜，滋味醇厚回甘，汤色杏黄明亮，叶底嫩黄，芽头完整。

2）白牡丹品质特征。外形银白毫心显出，芽叶连枝，色灰绿，叶背有茸毛，不带单片、老梗；内质香气鲜嫩纯爽，毫香显露，滋味清甜醇爽，汤色清澈，叶底枝叶较完整。

(5) 青毛茶质量要求。青毛茶的品质特征因品种不同有所差异，总的要求是感官指标要符合该品种花色特征，无劣变，不着色，不添加任何添加剂，不得夹杂非茶类物质。

1）武夷岩茶大红袍品质特征。外形茶条紧结壮实稍扭曲，带绿宝色，茶条完整；内质香气带花香或果香锐利浓长，幽则清远，滋味醇厚，回味甘爽，岩韵明显，汤色橙黄明亮，叶底润亮匀齐，中红边线带朱砂色。

2）安溪铁观音品质特征。外形条索紧结，卷曲重实，呈蜻蜓头和龙虾身形，色泽砂绿油润；内质香高持久，滋味醇厚鲜爽回甘，音韵显，汤色橙黄明亮，叶底肥厚较亮，有红边。

3）广东凤凰水仙品质特征。外形条索紧结，色泽青褐油润；内质天然花香明显，滋味浓厚鲜爽，汤色绿黄明亮，叶底青叶红镶边。

4）台湾乌龙之洞顶乌龙品质特征。外形呈半球状，条索紧结，叶片卷曲成球，色泽墨绿鲜艳（带青蛙皮般的灰白点）；内质花香幽雅，似兰花香，滋味醇厚，喉韵甘滑，汤色橙黄明亮，叶底叶绿红镶边。

(6) 红毛茶质量要求。红毛茶因加工不同，毛茶质量要求各异。总体要求是感官品质符合相应品种花色要求，无劣变，不添加任何添加剂，不含有非茶类夹杂物。

1) 小种红茶品质特征。外形条索粗壮长直,身骨重实,色泽褐红油润;内质香高持久,具有松烟香,滋味醇厚(似桂圆汤味),汤色红艳,叶底呈古铜色,肥壮厚实。

2) 功夫红茶(以川红一级为例)品质特征。外形条索紧细有峰苗,色泽乌黑油润;内质香色鲜嫩,滋味醇爽回甜,汤色红亮,叶底细嫩有芽。

3) 红碎茶品质特征。外形形状呈颗粒状,紧细匀整;内质香气高锐持久,滋味浓强鲜爽,汤色红艳,叶底红亮匀整。

二、精制质量要求

精制即精细的制造,是指通过特有的加工工艺和技术,将毛茶加工成具有一定规格的商品茶的过程。精制前的原料茶叫毛茶,精制过程中各工序结束时的茶称筛号茶,整个精制工艺完成后的茶称精茶或成品茶。精制的目的是根据市场要求,把各种毛茶归堆拼配,进行后续整理,使之达到样品(加工验收标准样)等级要求和产品规格化。六大茶类中,有的茶类精制过程相对简单,如黄茶类、白茶类、青茶类、绿茶类的名优茶等精制以拣选、提香为主;有的工艺较为复杂如红、绿茶类(名优茶例外)及黑茶类。精制过程越简单,其成品茶(精茶)质量水平与毛茶越接近;精制过程越复杂,成品质量水平与毛茶差距越大。

1. 成品绿茶质量要求

名优绿茶(成品)品质特征与其毛茶质量相比变化不大,不再赘述。大宗绿茶经精制加工后,外形规格和内质均有较大变化,根据成品规格和品质特征,分为珍眉、珠茶、雨茶、贡熙、凤眉秀眉、茶片、烘青花茶坯、四川炒青花茶坯等,总的质量要求感官达到该品种花色的产品标准要求,无劣变,无异气味,不着色,不添加任何添加剂,不得含非茶类夹杂物。

(1) 珍眉是以长炒青为原料,经过整形、归类、拼配成的条形茶,其感官品质要求见表5—8。

表5—8　　　　　　　　　珍眉感官品质要求

级别	外形				内质			
	条索	整碎	色泽	净度	香气	滋味	汤色	叶底
特珍特级	细嫩显峰苗	匀整	绿光润起霜	洁净	鲜嫩清高	鲜爽浓醇	嫩绿明亮	含芽嫩绿明亮
特珍一级	细紧有峰苗	匀整	绿润起霜	净	高香持久	鲜浓爽口	绿明亮	嫩匀嫩绿明亮
特珍二级	紧结	尚匀整	绿润	尚净	高香	浓厚	黄绿明亮	嫩匀绿明亮
珍眉一级	紧实	尚匀整	绿尚润	尚净	尚高	浓醇	黄绿尚明亮	尚嫩匀黄绿明亮
珍眉二级	尚紧实	匀称	黄绿尚润	稍有嫩茎	醇正	醇和	黄绿	尚匀软黄绿
珍眉三级	粗实	匀称	绿黄	带细梗	平正	平和	绿黄	叶质尚软绿黄
珍眉四级	粗粗松	尚匀称	黄	带梗朴	稍粗	稍粗淡	黄稍暗	稍粗绿黄
珍眉不列级	粗松带扁条	尚匀称	黄稍花	有轻朴梗	粗	稍粗淡带涩	黄较暗	粗老黄暗

(2) 珠茶是以圆炒青为原料,经过整形、归类、拼配成的圆形茶,其感官品质要求见表5—9。

第二部分 初级茶叶加工工操作技能

表 5—9　　　　　　　　珠茶感官品质要求

级别	外形				内质			
	颗粒	整碎	色泽	净度	香气	滋味	汤色	叶底
特级	细圆紧结重实	匀整	深绿光润起霜	洁净	香高持久	浓厚	嫩绿明亮	芽叶完整嫩绿明亮
一级	圆紧重实	匀整	绿润起霜	净	高	浓醇	黄绿明亮	嫩匀黄绿明亮
二级	圆结	匀称	尚绿润	稍有黄头	尚高	醇厚	黄绿尚明亮	尚嫩匀黄绿明亮
三级	圆实	尚匀称	黄绿	显黄头有嫩茎	醇正	醇和	绿黄	尚嫩匀黄绿尚明亮
四级	尚圆实	尚匀称	绿黄	显黄头有茎梗	平正	平和	黄	叶质尚软尚匀绿黄
五级	粗圆	尚匀称	绿黄稍枯	显黄头有筋梗	稍粗	粗淡	黄稍暗	稍粗老稍黄暗
不列级	粗扁	尚匀称	黄枯	老朴片老梗	粗	粗带涩	黄、较暗	粗老黄暗

（3）雨茶是从长炒青和圆炒青加工中分离出来的短条形和雨点状茶拼配而成，其感官品质要求见表 5—10。

表 5—10　　　　　　　　雨茶感官品质要求

级别	外形				内质			
	条索	整碎	色泽	净度	香气	滋味	汤色	叶底
一级	细短紧结带蝌蚪形	匀称	绿润	稍有茎梗	高纯	浓厚	黄绿明亮	嫩匀黄绿明亮
二级	短纯稍松	尚匀	绿黄	筋条茎梗显露	平正	平和	绿黄稍暗	叶质尚软尚匀绿黄

（4）贡熙是从长炒青加工中分离出的呈圆形或扁块形茶拼配而成，其感官品质要求见表 5—11。

表 5—11　　　　　　　　贡熙感官品质要求

级别	外形				内质			
	颗粒	整碎	色泽	净度	香气	滋味	汤色	叶底
特贡一级	圆结重实	匀整	绿润	净	高	浓爽	绿亮	嫩匀绿亮
特贡二级	圆结	尚匀整	绿尚润	稍有黄头	尚高	醇厚	黄绿明亮	尚嫩匀黄绿明亮
贡熙一级	圆实	匀称	黄绿	有黄头	醇正	醇和	黄绿	尚嫩尚匀黄绿尚明亮
贡熙二级	尚圆实	尚匀称	绿黄	黄头显露	平正	平和	黄	叶质尚软绿黄
贡熙三级	尚圆略扁	尚匀黄	稍枯	有朴片	有粗气	粗带涩	稍黄暗	稍粗老黄稍暗
贡熙不列级	松扁	尚匀	黄枯	夹朴片	粗老	粗涩	黄暗	粗老黄暗

（5）凤眉是从圆炒青或长炒青加工中分离出的部分细小、短钝的条形茶拼配而成，其感官品质要求见表 5—12。

表 5—12　　　　　　　　　　凤眉感官品质要求

花色	外形				内质			
	条索	整碎	色泽	净度	香气	滋味	汤色	叶底
凤眉	细小尚紧	尚匀	黄绿	稍有筋片	醇正	浓厚	黄绿	尚匀软黄绿尚明亮

（6）秀眉是从长炒青或圆炒青加工中分离出的部分嫩茎梗、筋、细条和片形茶拼配而成，其感官品质要求见表 5—13。

表 5—13　　　　　　　　　　秀眉感官品质要求

级别	外形				内质			
	条索	整碎	色泽	净度	香气	滋味	汤色	叶底
特级	嫩茎细条	匀称	黄绿	带细梗	尚高	浓尚醇	黄绿尚明亮	尚嫩匀黄绿尚亮
一级	筋条带片	尚匀	绿黄	有细梗	纯正	浓带涩	黄绿	尚软尚匀绿黄
二级	片带筋条	尚匀	黄	稍带轻片	稍粗	稍粗涩	黄	稍粗绿黄
三级	片形	尚匀	黄稍枯	有轻片毛衣不露	粗	粗带涩	黄稍暗	较粗黄暗

（7）茶片是从长炒青或烘青加工中分离出的部分轻身片形茶，其感官品质要求见表 5—14。

表 5—14　　　　　　　　　　茶片感官品质要求

花色	外形				内质			
	条索	整碎	色泽	净度	香气	滋味	汤色	叶底
茶片	片形稍轻飘	尚匀	枯黄	毛衣不露	粗	粗涩	黄暗	粗暗

（8）烘青花茶坯是以烘青为原料，经整形、归类供窨制茉莉花茶用的条形茶，其感官品质要求见表 5—15。

表 5—15　　　　　　　　　　烘青花茶坯感官品质要求

级别	外形				内质			
	条索	整碎	色泽	净度	香气	滋味	汤色	叶底
一级	细紧匀直显峰苗	匀整	绿润	净	嫩香	醇浓鲜爽	黄绿清亮	细嫩匀齐
二级	紧直有峰苗	匀整	尚绿润	稍有嫩茎	清香	醇厚	黄绿明亮	嫩匀绿亮
三级	紧直	尚匀整	绿	有嫩茎	尚高	醇和	黄绿尚明亮	尚嫩匀尚绿亮
四级	尚紧略扁	尚匀整	黄绿	有筋梗	醇正	平和	黄绿	稍有摊张黄绿
五级	稍松带扁条圆块	尚匀	黄绿稍暗	有梗朴	平和	平淡	绿黄稍暗	稍粗大黄绿稍暗
六级	松扁轻	尚匀	黄稍枯	显梗多朴片	粗	粗淡	绿黄较暗	较粗稍黄暗

第二部分 初级茶叶加工工操作技能

（9）四川炒青花茶坯是以炒青为原料，经整形、归类供窨制茉莉花茶用的微曲形茶，其感官品质要求见表5—16。

表5—16　　　　　　　　四川炒青花茶坯感官品质要求

级别	条索	整碎	色泽	净度
特级	紧细有峰苗	匀整	灰绿润	净
一级	紧细浑实	匀整	灰绿尚润	净
二级	紧实	尚匀整	灰绿稍润	尚净
三级	尚紧实	尚匀整	灰绿	尚净
四级	欠紧实	尚匀	灰绿微黄	有朴梗
五级	稍粗松	稍欠匀	稍枯黄	有朴梗
六级	粗松	欠匀	枯黄花杂	显朴梗

2. 红茶质量要求

成品红茶根据加工工艺的不同，分为小种红茶、功夫红茶和红碎茶。由于加工方法不同而品质要求各异，总的质量要求是感官品质要符合该花色品种特征，无劣变，无异气味，不着色，不添加任何添加剂，不含非茶类夹杂物。

（1）小种红茶品质要求。外形粗壮肥实，色泽乌润，匀整；内质香气高长带松烟香，滋味醇厚，带桂圆汤味（加奶后茶香味不减，成糖浆状奶茶，色泽更绚丽），汤色红浓，叶底明亮呈古铜色，叶质厚实柔软。

（2）功夫红茶品质要求。功夫红茶因茶树品种、产地不同，品质要求有所不同（以祁门红茶为例），其品质要求见表5—17。

表5—17　　　　　　　　祁门红茶感官品质要求

级别	项 目							
	外 形				内 质			
	条索	整碎	净度	色泽	香气	滋味	汤色	叶底
特级	细嫩挺秀金毫显露	匀整	净	乌黑油润	高鲜嫩甜	鲜醇嫩甜	红艳明亮	红艳匀亮细嫩显芽
一级	细紧露毫显峰苗	匀齐	净稍含嫩茎	乌润	鲜嫩甜	鲜醇甜	红艳	红艳柔嫩有芽
二级	细紧有峰毫	尚匀齐	净稍有嫩茎	乌润	鲜甜	甜醇	红亮	红亮嫩匀
三级	紧细	匀	尚净有茎	乌尚润	尚鲜甜	尚甜醇	红尚亮	红亮尚嫩匀
四级	尚紧细	尚匀	尚净稍有筋梗	乌	甜纯	醇	红明	红匀尚嫩
五级	稍粗尚紧	尚匀	稍有红筋梗	乌泛灰	尚甜纯	尚醇	红尚明	尚红匀

（3）红碎茶品质要求。红碎茶因茶树品种不同，分四套标准样，其品质要求见表5—18至表5—21。

表 5—18　　　　　　　　　　第一套红碎茶感官品质要求

级别	外形	香气	滋味	汤色	叶底
碎茶1号	毫尖特显重实、匀净、色润	嫩香鲜爽、强烈持久	浓强嫩爽	红艳明亮	柔嫩红艳
碎茶2号高档	颗粒紧结、重实、匀齐、色润	鲜爽、强烈持久	浓强鲜爽	红艳明亮	红嫩鲜亮
碎茶2号中档	颗粒尚紧卷、尚重实、匀齐、稍有嫩茎、色润	高鲜持久	浓强尚鲜	红亮	嫩匀红亮
碎茶2号低档	颗粒尚紧卷、尚匀齐、有嫩茎、色尚润	高鲜	浓、尚强	红亮	尚嫩红亮
碎茶3号高档	颗粒紧结、尚重实、匀齐色润	香高鲜爽	浓厚鲜醇	红亮	红匀明亮
碎茶3号中档	颗粒尚紧结、尚匀齐、稍有嫩茎、色尚润	高、尚鲜	浓厚	红亮	红亮
碎茶3号低档	颗粒尚紧结、尚匀齐、有嫩茎、色尚润	高	醇厚	红亮	红亮
碎茶4号高档	颗粒紧实、稍有嫩茎、匀齐、色尚润	高、尚鲜	浓醇	红亮	红亮
碎茶4号中档	颗粒尚紧实、匀齐、有嫩茎、色尚润	尚高	尚浓醇	红亮	红亮
碎茶4号低档	颗粒粗实、尚匀齐、有筋皮、色尚润	醇正	醇和	红明	红明
碎茶5号	颗粒细紧、重实、匀齐、色润	鲜爽、强烈持久	浓强鲜爽	红艳明亮	红匀鲜亮
片茶1号	片状皱褶、匀齐、尚重实、色润	尚高	浓醇	红亮	红亮
片茶2号	片状皱褶、身骨稍轻、色尚润	醇正	醇正	红明	红明
末茶1号	砂粒状、重实、匀净、色尚润	强烈	浓强	深红明亮	红明
末茶2号	细砂粒状、色尚润	醇正	尚浓	深红	红匀

表 5—19　　　　　　　　　　第二套红碎茶感官品质要求

花色	外形	香气	滋味	汤色	叶底
叶茶一号	条索紧卷、匀齐、色乌润、毫尖显露	鲜爽	浓、强	红艳	嫩匀红亮
叶茶二号	条索紧直、多细嫩茎梗、尚匀齐、色尚润	尚鲜	醇厚	红亮	红匀尚亮
碎茶一号	颗粒紧实、金毫显露、匀齐、色润	鲜爽、强烈持久	浓强鲜爽	红艳明亮	嫩匀红亮
碎茶二号	颗粒细紧、匀净、色润	香高鲜爽	浓强尚鲜爽	红艳明亮	红匀、嫩明亮
碎茶三号	颗粒紧结、匀净、色润	鲜爽持久	鲜爽尚浓强	红亮	红匀、嫩尚亮
碎茶四号	颗粒尚紧结、稍含嫩茎、色尚润	尚鲜	浓尚鲜	尚红亮	红匀尚亮
碎茶五号	颗粒细紧、匀净、色润	鲜强烈	浓厚尚鲜强	红艳明亮	红匀、明亮

续表

花色	外形	香气	滋味	汤色	叶底
碎茶六号	颗粒尚紧实、含嫩茎、色尚润	尚鲜	尚鲜浓	尚红明	红匀尚明
片茶一号	片状皱褶、匀净、色尚润	尚鲜	尚浓厚	红明	红匀明亮
片茶二号	片状皱褶、尚匀、色尚润	尚醇正	尚浓	尚红明	红匀尚明
末茶	细砂粒状、重实、匀净、色乌尚润	醇正	浓、强	深红尚明	红匀尚亮

表5—20　　第三套红碎茶感官品质要求

级别	外形			内质			
	形状	色泽	净度	香气	滋味	汤色	叶底
碎茶一号	颗粒紧结、重实	棕黑油润	匀净	较鲜浓	较浓强鲜爽	较红亮	嫩匀明亮
碎茶二号	颗粒紧结、重实	棕黑油润	匀净	鲜浓	浓强较鲜爽	红亮	嫩匀明亮
碎茶三号	颗粒紧实	棕褐欠润	尚净	鲜纯	尚浓鲜爽	尚红亮	红尚亮
片茶	片状、皱褶、尚匀齐	棕褐欠润		醇正	醇和	尚红明	尚红亮
末茶	末状、重实、尚匀齐	棕褐尚润	尚匀净	醇正	浓强	深红尚亮	红匀亮

表5—21　　第四套红碎茶感官品质要求

花色	外形	香气	滋味	汤色	叶底
碎茶一号上档	颗粒紧细、重实、匀净、色乌润或棕润	高、尚鲜	浓、尚鲜	红亮	嫩匀红亮
碎茶一号中档	颗粒紧细、较重实、匀净、色乌或棕、尚润	尚高、略鲜	尚浓、尚鲜	尚红亮	嫩匀尚红亮
碎茶一号下档	颗粒尚紧实、尚匀净、色乌或棕、尚润	尚高	尚浓	尚红明	红尚亮
碎茶二号上档	颗粒紧结、重实、匀净、色乌润或棕润	高、鲜	浓、鲜	红亮	嫩匀红亮
碎茶二号中档	颗粒较紧结、重实、尚匀净、色棕褐或黑褐、尚润	尚高、尚鲜	尚浓鲜	红、尚亮	尚嫩匀红亮
碎茶二号下档	颗粒尚紧结、尚匀净、色棕褐色或黑褐、尚润	尚高	尚浓	红明	红尚亮
碎茶三号上档	颗粒壮实、匀净、色棕褐色或黑褐、尚润	尚高	尚浓	红明	红尚亮
碎茶三号下档	颗粒尚壮实、尚匀净、色棕褐或黑褐、尚润	醇正	醇和	尚红明	红尚亮
片茶上档	皱褶、片状、匀齐、色棕褐或黑褐、尚润	醇正	醇和	尚红明	红、匀
片茶中档	皱褶、片状、尚匀齐、色棕褐或黑褐、欠润	平正	平淡	尚红	尚红匀
片茶下档	夹片状、尚匀齐、色棕褐或黑褐	略粗	平和	尚红稍浅	尚红
末茶上档	细砂粒状、匀齐、色棕褐或黑褐、尚润	尚高	浓强	深红尚亮	红匀尚亮

续表

花色	外形	香气	滋味	汤色	叶底
末茶中档	细砂粒状、尚匀齐、色棕褐或黑褐、尚润	醇正	浓	深红尚明	红尚匀明
末茶下档	细砂粒状、尚匀齐、色棕褐或黑褐、欠润	平正	尚浓略涩	深红	红稍暗

3. 青茶质量要求

青茶类精制通常以整理外形、拣梗为主。除了铁观音相同的毛茶经不同的精制工艺制成清香型铁观音和浓香型铁观音外,成品与毛茶品质差距不大。总的质量要求是感官品质要符合对应品种品质特征,无劣变,无异气味,不着色,不添加任何添加剂,不含非茶类夹杂物。清香型铁观音感官品质要求见表5—22,浓香型铁观音感官品质要求见表5—23。

表5—22　　　　　　　　　　清香型铁观音感官品质要求

项目		级 别			
		特级	一级	二级	三级
外形	条索	肥壮、圆结、重实	壮实、紧结	卷曲、结实	卷曲、尚结实
	色泽	翠绿润、砂绿明显	绿油润、砂绿明显	绿油润、有砂绿	乌绿、稍带黄
	整碎	匀整	匀整	尚匀整	尚匀整
	净度	洁净	净	尚净、稍有细嫩梗	尚净、稍有细嫩梗
内质	香气	高香、持久	清香、持久	清香	清纯
	滋味	鲜醇高爽、音韵明显	清醇甘鲜、音韵明显	尚鲜醇爽口、音韵尚明	醇和回甘、音韵稍轻
	汤色	金黄明亮	金黄明亮	金黄	金黄
	叶底	肥厚软亮、匀整、余香高长	软亮、尚匀整、有余香	尚软高、尚匀整、稍有余香	尚软亮、尚匀整、稍有余香

表5—23　　　　　　　　　　浓香型铁观音感官品质要求

项目		级 别				
		特级	一级	二级	三级	四级
外形	条索	肥壮、圆结、重实	较肥壮、结实	稍肥壮、略结实	卷曲、尚结实	尚弯曲、略粗松
	色泽	翠绿、乌润、砂绿明	乌润、砂绿较明	乌绿、有砂绿	乌绿、稍带褐红点	暗绿、带褐红色
	整碎	匀整	匀整	尚匀整	稍整齐	欠匀整
	净度	洁净	净	尚净、稍嫩幼梗	稍净、有嫩幼梗	欠净、有梗片
内质	香气	浓郁、持久	清高、持久	尚清高	清纯平正	平淡、稍粗飘
	滋味	醇厚鲜爽回甘、音韵明显	醇厚、尚鲜爽、音韵明	醇和鲜爽、音韵稍明	醇和、音韵轻微	稍粗味
	汤色	金黄、清澈	深金黄、清澈	橙黄、深黄	深橙黄、清黄	橙红、清红
	叶底	肥厚、软亮匀整、红边明、有余香	尚软亮、匀整、有红边、稍有余香	稍软亮、略匀整	稍匀整、带褐红色	欠匀整、有粗叶及褐红叶

第二部分 初级茶叶加工工操作技能

4. 黑茶质量要求

成品黑茶因产地、品种规格不同，而品质要求各异，总的质量要求符合该产品感官品质（实物样），无黑霉、白霉、青霉等。

(1) 四川黑茶质量要求。四川黑茶因销路和配料不同，分康砖、金尖、茯砖、方包四种。

1) 康砖质量要求。外形紧实、洒面明显，色泽棕褐；内质香气醇正，滋味醇尚浓，汤色红褐尚明，叶底棕褐稍花。

2) 金尖质量要求。外形圆角长方体，稍紧实，无脱层，色泽棕褐；内质香气醇正，滋味醇和，汤色黄红尚明，叶底暗褐稍老。

3) 茯砖质量要求。外形砖面平整，薄厚松紧一致，茶砖断面有黄花，色泽黄褐；内质香气醇正（可以略带焦烟香），滋味醇和，汤色红黄明亮，叶底棕褐，含梗量低于或等于20%左右。

4) 方包茶质量要求。外形茶包为长方体，梗叶匀整，色泽棕褐；内质香气为焦烟香，滋味粗淡有烟焦味，汤色黄红尚明，叶底深褐粗老，含梗量低于或等于60%。

(2) 云南黑茶质量要求。云南黑茶（普洱茶）按形状可分为散茶和紧压茶。普洱散茶按品质分特种普洱茶（金芽、宫廷）和大宗普洱散茶，特级至五级六个级别，普洱紧压茶外形有饼形、沱形、砖形等多种形状和规格，总的质量要符合相应品种规格级别的感官品质要求，无劣变，无异气味，不着色，不添加任何添加剂，不含非茶类夹杂物。

1) 普洱散茶质量要求。

① 普洱金芽品质要求。外形全芽整叶，有峰苗，全披金毫，色泽橙黄；内质香气毫香细长，陈香滋味，醇厚甘爽，汤色橙红明亮，叶底红亮柔软。

② 宫廷普洱茶品质要求。外形紧细匀直，规格匀整，有峰苗，金毫显露，色泽褐润；内质香气陈香馥郁，滋味醇和甘滑，汤色红浓明亮，叶底褐红亮软。

③ 大宗普洱散茶感官品质要求见表5—24。

表5—24　　　　　　　　大宗普洱散茶感官品质要求

级别	外　形	内　质
特级	紧细较匀，规格整齐，有峰苗，金毫显露，色泽褐润	陈香高长，滋味醇厚回甘，汤色红浓明亮，叶底褐红亮软
一级	紧细重实有峰苗，芽毫较显，色泽红褐尚润	陈香显露，滋味醇浓回甘，汤色深红明亮，叶底褐红亮软
二级	肥壮紧实，略显毫，红褐尚润	陈香显露，滋味醇厚回甘，汤色红浓明亮，叶底褐红，尚亮较软
三级	粗壮尚紧，色泽红褐尚润欠匀	陈香醇正，滋味醇厚回甘，汤色红亮，叶底红褐尚亮软
四级	粗壮欠紧，欠匀，色泽红褐尚润欠匀	陈香醇正，滋味醇和甘甘，汤色红亮，叶底红褐欠亮尚软
五级	粗壮松泡，色泽红褐欠匀润	香气陈香醇正，滋味醇和回甘，汤色红亮，叶底红褐欠亮尚软

2) 普洱紧压茶质量要求。外形要平滑、整齐、端正，薄厚匀称。普洱紧压茶分洒面茶、包心茶，其洒面茶应分布均匀，不起层样面，包心茶不外漏。内质陈香醇正，滋

味醇正，汤色红浓，叶底红褐，匀齐。

（3）湖南黑茶质量要求。成品湖南黑茶因原料级别不同，分"三尖"（即湘尖1—3号）和"三砖"（即花砖、茯砖、黑砖）六个品种，总的质量要求是感官品质要符合相应品种感官品质标准，不含黑霉、白霉、青霉等霉菌。

1）"三尖"感官品质要求见表5—25。

表5—25　　　　　　　　　　　"三尖"感官品质要求

品名	外形	内质
湘尖一号	色泽乌润	香气清香，滋味浓厚，汤色橙黄，叶底黄褐
湘尖二号	色泽黑带褐	香气醇正，滋味醇和，汤色稍橙黄，叶底黄褐带暗
湘尖三号	色泽黑褐	香气平淡，稍带焦香，滋味尚浓，微涩，叶底黄褐粗老

2）"三砖"感官品质要求见表5—26。

表5—26　　　　　　　　　　　"三砖"感官品质要求

品名	外形	内质
花砖	砖面平整，花纹图案清晰，棱角分明，薄厚一致，色泽黑褐	香气醇正或带松烟香，汤色橙黄，滋味醇和，叶底老嫩匀称
茯砖	砖面平整，花纹图案清晰，棱角分明，薄厚一致，发花普遍或茂盛，特茯黑褐色，普茯黄褐色	香气醇正，汤色橙黄，滋味醇和，叶底黄褐粗老
黑砖	砖面平整，花纹图案清晰，棱角分明，薄厚一致，色泽黑褐	香气醇正或带松烟香，汤色橙黄，滋味醇和微涩，叶底欠匀

（4）湖北黑茶质量要求。湖北黑茶（青砖茶）感官品质要求为：外形砖面光滑，棱角整齐，紧结平整，色泽青褐，压印纹理清晰；内质香气醇正，滋味醇和，汤色橙红，叶底暗褐。

（5）广西黑茶质量要求。广西黑茶（六堡茶）感官品质要求为：外形条索紧结圆直匀齐，匀整，色泽黑褐油润；内质香气醇厚有槟榔香，滋味浓厚有槟榔味，回味甘，汤色红浓明亮，叶底红褐。

三、非茶类夹杂物的鉴别和拣剔

1. 非茶类夹杂物的鉴别

鲜叶质量除嫩度、匀度和新鲜度三要素外，其所含夹杂物对茶叶品质的影响也不可小视。鲜叶中夹杂物指茶类夹杂物和非茶类夹杂物。茶类夹杂物因所制茶类、品种花色、级别高低而有所区别。如鱼叶、鳞叶等，对某些高档名优茶来说是夹杂物，而黄山毛峰却要求鲜叶带有鱼鳞叶；嫩筋梗、单片对嫩度要求较高的名优茶来说是夹杂物，而在中低档茶中却可忽略。又如茶枝杆、老叶片对多数茶类而言属夹杂物，但却是黑茶某些品种（如四川方包茶）的原料。因此，茶类夹杂物的认定要因茶而定。非茶类夹杂物对所有茶类来说定义是一致的，指茶以外的一切物品，如金属类、植物类、动物类等。鲜叶中常见的非茶类夹杂物有植物枝、叶，金属铁丝、铁钉，尼龙绳，纸屑，煤渣，泥沙，家禽羽毛等。所有茶叶的制造都不允许有非茶类夹杂物，多数高档茶专门设有鲜叶拣选项工序，切记动作要轻，以免损伤鲜叶。

  2. 非茶类夹杂物的拣剔

  这是指剔除茶中的茶梗及其他夹杂物，纯净品质的操作过程。茶坯经过筛分风选，除去了部分长梗、沙石及轻质黄片杂物，但与茶条长短、粗细、轻重相近的茶梗尚留茶中，必须予以剔除，以保证茶叶的洁净。拣剔分为机拣和手拣两种作业方式，目前各精制厂以机拣为主，手拣为辅。拣剔作业的机型有阶梯式拣梗机、静电式拣梗机等。

  阶梯式拣梗机的原理，是茶坯随拣机的振动在斜面滑行，茶梗一般较圆直平滑，流动快，通过拣台斜面上的拣槽与螺旋丝杆之间的间隙时落入茶梗箱中；茶条一般稍弯扁，表面粗糙，摩擦力大，通过拣台斜面后受螺旋丝杆推动，落入间隙中再导入净茶箱，以达到分离茶梗的目的。

  静电拣梗机是利用茶与梗的含水量不同，当二者通过设置的静电场时，由于正负电荷的感应拉力不同，达到梗、叶分离的目的。静电拣梗机对脱皮梗、老蒂梗、轻质的毛筋及混入茶中的谷壳、高粱等夹杂物的拣剔作用更为明显，对功夫红茶的六、七级茶的拣剔较为理想。拣梗时必须掌握茶坯的温度（高于室温5～10℃）、含水量（5%左右）以及投入量。

  此外各精制厂有的自己设计简便装置取梗，有的用白铁皮或铝板钻1.3～1.5 cm圆孔架放在抖筛或平圆筛第一面筛框上，对茶头中粗长梗进行筛剔，避免茶梗经筛切变成数段，再去拣选造成麻烦。有的茶厂使用塑料吸拣器，摩擦产生静电吸取茶梗。要注意的是，尽管功夫茶通过数次机拣、静电吸拣，但还需手拣予以辅助。一般每100 kg功夫茶需要40 h的手工拣剔，费工费时，较筛制工时多3～5倍，仍是目前重大的作业难题。

  3. 在制品茶的等级、批次、筛号茶孔数的记录

  在制品管理工作就是对在制品进行计划、协调和控制的工作。在加工—装配型的工业企业中，做好在制品管理工作有着重要的意义。它是调节各个车间、工作地和各道工序之间的生产，组织各个生产环节之间平衡的一个重要杠杆。合理地控制在制品、半成品的储备量，做好保管工作，使它们不受损坏；保证产品质量，节约流动资金，缩短生产周期，减少和避免积压。

  在茶叶加工过程中，在制品茶的等级、批次、筛号茶的记录由茶叶加工过程的各道工序进行。在制品茶的批次由车间核算员记录，在制品茶等级的确定（筛号茶）由风选工序记录，各工序之间在制品茶的流转交接在工作期间只传递标志。

四、注意事项

  1. 初制加工时，应注意根据不同茶类对鲜叶嫩度要求的异同，以及不同茶树品种的适制性，有针对性地制定合理的工艺流程和作业指导书。

  2. 在进行名茶初制或精制加工时，要首先确定本单位产品的顾客或消费群体对产品特征的具体要求。如产品外观的形状的要求、色泽的要求、净度的要求，产品内质的香气醇爽度、滋味的纯厚度、汤色的明亮度、叶底的软硬度等。要根据这些因素来制定工艺流程和作业指导书。

3. 在进行普通绿茶的精制加工时，要根据毛茶的不同情况分别制定不同的工艺技术流程和作业指导书。坚持分路、分号加工，各工序在交接时要始终坚持"上不清，下不接"的一贯原则。

4. 各工序间的各种生产记录特别是各号茶的数量一定要做到准确、及时、安全、可靠，确保各号茶在拼配小样时的准确程度，力求关堆后的大样尽可能地接近拼配小样。

5. 各工序间的各种生产记录应有专人妥善保管，保管时间为 18 个月。销毁时间为保管时间满 20 个月后。

第二节 包装储存

→ 能够根据茶叶的理化特性科学合理地选择使用包装材料
→ 能够根据茶叶的理化特性科学合理地制定茶叶包装作业技术规程

一、包装

包装是茶叶加工最后的一道工序，包装材料既要防潮，又要美观大方。茶叶的包装有枫木箱、胶合板箱和纸板箱三种。

目前枫木箱有 46 cm×46 cm×50 cm 和 43 cm×43 cm×46 cm（外缘尺寸）等规格，胶合板箱有 46 cm×46 cm×46 cm 规格，上述各种箱均要内衬铝箔、牛皮纸防潮。纸板箱有 46 cm×46 cm×46 cm 和 40 cm×40 cm×60 cm 等规格，内套塑料袋防潮。装箱时要求装茶平口，质量准确，唛号清晰，捆扎整齐。包装成箱后，箱外要刷唛头，作为标志。

茶叶的唛头由一个汉字、四个阿拉伯数字组成，汉字代表厂名，紧接汉字的第一个数字代表出厂年份，第二个数字代表茶类，第三个数字代表茶号，第四个数字代表档次，第五、六个数字代表批次。除用唛头标明产品的名称、级别、批号外，还要标明件数、净重、皮重等，以便运输、销售等。

1. 不同等级成品茶的包装

由六大茶类派生出来的成品茶品种数量不胜枚举，不同等级成品茶的包装也数不胜数，一般比较常见的有如下几种形式。

(1) 复合薄膜袋包装。复合薄膜袋包装是茶叶包装的主要形式。复合薄膜具有优良的阻气性、防潮性、保香性、防异味透过性等，加有铝箔的复合薄膜性能更为优越，如遮光性极好等。它有良好的印刷性，作为货架商品，更有其独特效果。

复合薄膜袋可作小包装，如 3 g、4 g、10 g、25 g、50 g、75 g、100 g、150 g、200 g、250 g 一袋，也可作中包装，如 2.5 kg、5 kg、10 kg、15 kg、20 kg 一袋。

(2) 金属罐包装。用镀锡薄板制成，有圆形、椭圆形、方形等，其盖有单层盖和双层盖两种。金属罐对茶叶的防护性优于复合薄膜，且外表美观、高贵，若加入适量脱氧剂，可以延长茶叶的保质期。

金属罐包装可作小包装，如 10 g、25 g、50 g、75 g、100 g、150 g、200 g、250 g 一罐。

(3) 塑料容器包装。因塑料容器密封性欠佳，多作为外包装，内用塑料袋封装。塑料容器美观、大方，陈列效果好。

(4) 纸盒包装、木艺包装。用内层复合塑料薄膜或涂有防潮涂料的纸板做成的纸盒包装茶叶，既能防潮，又具立体感，陈列效果好。若在里面用塑料袋做成小包装袋，防护效果更好。

纸盒包装、木艺包装的茶叶一般作为礼品形式。其包装规格有 50 g、75 g、100 g、150 g、200 g、250 g 一盒等。

(5) 纸袋包装。用极薄的、易于为水浸湿的纸做成小纸袋包装，用时连纸袋一起放入开水中，使用十分方便。纸袋包装的茶叶，多作为袋泡茶，以提高浸出率。最常见的是 3 g/袋。

无论是复合薄膜袋包装、金属罐包装、塑料容器包装，还是纸盒包装、木艺包装，其装袋加工过程几乎都是人工和茶用包装机械结合组装完成的，唯有过滤纸袋包装的茶叶是全自动机械设备作业完成的。

2. 封口机、手动打码机的使用

封口机系列产品种类很多，主要有铝箔封口机、电磁感应封口机、手持式铝箔封口机等。比较常见的为电磁感应封口机。

(1) 电磁感应封口机。电磁感应封口机是利用电磁感应原理对塑料、玻璃等非金属的瓶、杯状容器进行感应加热封口的机器，结构简单，使用方便。

把已装上感应膜（有铝箔的面对准瓶口）的袋子放在感应头下中心位置，按感应头上的按钮，此时面板上封口时间呈倒计时变化并有"嘀"的声音提示（开始、结束各一声），待回复至 0，并重新显示计数数量时电磁感应封口机封口已经完成。

在质量完成工作前，先要检查封口合格与否。打开袋子检查封口情况，如封口平滑、绷紧、膜与膜已完全黏合，被封部位美观，封口合格。如封口局部结合，膜与膜没有完全黏合，表示压力不够，可重新上膜压紧再试。如看似封牢，但用手轻拉膜即脱离，可能是电磁感应封口机封口时间不够或膜与膜的材质不一致，应调整封口时间或更换不同的材质感应膜。

时间过长：如封口膜发皱、膜口溶化明显，说明封口时间过长，应适当减短封口时间。

完全符合要求之后可以开始封口工作。使用不同型号的袋膜时要重新调节封口时间。需要查看时间时短按"显示"键，长按（2S）"显示"键可以使计数器回零。如果 15 min 内无按键动作（包括手柄按键），电磁感应封口机会自动关机。在不拔下电源插头的情况下，下次开电磁感应封口机系统默认上一次的数据为操作数据，包括功率、封口时间、计数数量等。使用注意事项如下：

1) 在使用之前，应检查时间调节旋钮是否调在最小处，然后根据要封装的物品厚度慢慢往顺时针方向旋转,防止时间调得太长而烧断电热丝。

2) 用来绝缘隔热电热丝的玻璃若有损坏,应及时更换,切勿直接用电热丝装在金属管上面,以免损坏控制器。

3) 长时间使用后,应检查上压板的胶布是否破损,否则将直接影响封口的质量。

4) 更换电热丝或维修时,应拔下电源插头。

5) 不能触摸电路连接线,电线连接端头等。

6) 工作时,电热丝发热温度很高,应避免让身体碰触。

7) 严禁用钢丝、导线接在电热丝两边接线端头,或两边接线端碰上金属管,这样会导致控制损坏。

(2) 封口机操作规程

1) 适用范围:封制各种材质的塑胶薄膜袋。

2) 操作前准备:检查电源线是否破损;检查高温胶布是否保持完好,若有破损应及时更换;检查发热丝是否断裂、变形。

3) 操作程序

①开机与设置:打开插上220 V电源,打开电源开关、风机开关、加热开关;设置热封温度为180℃,热印温度140℃,电机速度为中速3,印字距离为最左。设置时顺时针为增加,逆时针为减少;更换打印日期到当前日期。

②测试与调节:使用废袋测试封口效果、日期位置和清晰度。根据测试效果,调节封口温度、日期位置、墨轮温度。袋子厚度为8 c 封口温度为180℃;10 c 为190℃;12 c 为200℃。热印温度在120~160℃间,开机时为140℃,以后根据清晰度调节,多次调节仍然不清楚及时更换墨轮。热印位置,在袋背面封口距离左端的1/4范围内。温度稳定后传电机速度调到最快。

调节完成后正常使用,使用中若发现不能达到效果时,则检查电源、发热丝、高温胶布等,如发现问题及时通知专业人员修理。

使用完毕后,将热封温度旋钮逆时针旋转至最低,打开封机开关。并将电源插头拔掉,隔离电源,再将电源线整理好。

4) 操作注意事项。操作时,注意手的位置,以免手被烫伤。在停止使用时,一定将调热温旋钮逆时针旋转到最小位置。封口时袋口拉平,防止异物进入袋内。

5) 维护与保养。保持机、台清洁干净。发热丝、高温胶布电源线保持性能完好。

(3) 手动打码机。手动打码机采用热打印色带可在各种塑料复合薄膜、纸、过塑纸、铝箔、塑料袋、标签、皮革等材料上打印出清晰的字符。该机采用优质铝合金材料,样式美观轻巧,使用简单,维修方便。

1) 使用方法。接通电源,将电源开关打开,电源指示灯即亮,将温度旋钮顺时针旋转至适当刻度(视打印材料而定),加热约5~10 min即可印字。

2) 换带方法。拉出收放带轮上的活动有机板,按图示上所示的箭头方向装上即可。注意调节收放带轮上的调节螺钉,要保证色带的纸筒与收放带轮之间滑动正常。

3) 换字方法。先将回收弹簧底部的扣件松开,手把往上拉起,将印字头朝上,松开色带。再松开印字头上的顶头螺钉,用镊子更换铜字后,顶紧螺钉即可。

3. 电磁感应封口机、手动打码机的使用

电磁感应封口机、手动打码机是电磁感应和热传动设备，属电能驱动，在使用过程中要严格遵守使用说明书的要求，按照操作规程办事。

电磁感应封口机注意事项已论述过，此处不再赘述。

使用注意事项：

①电源开关的指示灯若不亮，应检查保险管是否烧掉。

②温度应在 2~3 刻度为宜，具体视打印材料而定，过高或过低都将会影响印字效果。

③换带时应注意色带的正反面。

④印字时用力不宜过大。

⑤更换铜字时应注意排字顺序及高低，旋紧顶头螺钉即可，不需太用力。

4. 包装的外形质量和包装计量的检验

(1) 鲜叶包装运输要求。鲜叶是形成茶叶品质的基础，除加工技术外，茶叶质量的优劣主要取决于鲜叶质量的高低，鲜叶采后运输和摊放质量是保证提供高质量鲜叶原料的先决条件。

装运鲜叶的容器要求：盛装鲜叶的容器应用清洁、无异味、无污染、透气的竹制篮筐，不能用布袋、尼龙编织袋、塑料袋等。盛装时切忌挤压，以免鲜叶因受挤压使叶细胞破损、叶温升高而导致叶内一系列不利于鲜叶质量的化学反应发生。鲜叶采后应及时运输到厂，运输工具应清洁、无毒、无污染、无异味；不得与其他有毒、有异气味的物品混装混运，途中防暴晒、防挤压、防雨、防污染。

(2) 毛茶包装运输质量要求。毛茶的运输包装必须牢固、防潮、整洁、卫生、无异味、无毒害、无污染，便于装卸、仓储和运输。同一批次、同一花色品种应采用相同的包装。

1) 包装用料要求。毛茶包装可用布袋（本色棉布）、麻袋、塑料编织袋等，内衬厚度为 0.03~0.035 mm 的低压聚乙烯塑料袋或厚度为 0.06~0.08 mm 的高压聚乙烯塑料袋。内衬袋材料必须符合食品卫生要求，选用干燥、无异味、防潮保质性能好、对茶叶品质无损害作用的材料。

2) 打包要求。

①布袋打包要求：袋内应装满茶叶，摇实，内衬袋袋口扭结或用绳扎紧，布袋袋口扎袋口或扭结袋口。

②麻袋打包要求：袋内应装满茶叶，摇实，内衬袋袋口扭结或用绳扎紧，麻袋袋口折裹成牛耳状或卷袋口，用麻线往复双道缝合，不少于 11 针，针脚要实、均匀，不得刺破内衬袋。

③塑料编织袋打包要求：袋内应装满茶叶，摇实，内衬袋袋口扭结或用绳扎紧，塑料编织袋折叠袋口，用麻线往复缝合，不少于 11 针，针脚要紧、均匀，不得刺破内衬袋。

(3) 成品茶包装质量要求。

1) 紧压茶包装运输质量要求，紧压茶包装质量要求包括外包装、内包装和打包三部分。

①外包装质量要求。外包装总的要求是茶砖堆码整齐、端正、美观、四角分明，保护组件牢固、无损伤。外包装种类有篾篓、麻袋或塑料编织袋、瓦楞纸板箱、胶合板或木板箱等。

　A. 篾篓。篾篓要求结实、牢固，竹篾不得断碎，适用于青砖茶、米砖茶、康砖茶、金尖茶、茯砖茶、七子饼茶、紧茶、方茶、六堡茶、湘尖茶、方包茶的包装。

　B. 麻袋或塑料编织袋。麻袋或塑料编织袋要求无破洞、无断经/纬、无油污，缝制牢固、平整，接口平齐严密；麻袋材质不得低于 21 支纱单线，经密 38 根/10 cm，纬密 40 根/10 cm，定量为 300 g/m²，适用于茯砖茶、黑砖茶、花砖茶、普洱茶。

　C. 瓦楞纸板箱。瓦楞纸板箱材质要求符合有关规定，装茶质量不得超过 40 kg/箱，箱板纸用纸不得低于 360 g/m²，瓦楞纸用纸不得低于 180 g/m²，还可根据产销双方合同而定，适用于沱茶、普洱方茶/砖茶、七子饼茶等。

　D. 胶合板箱或木板箱。胶合板箱应符合有关规定。木箱选用杉木、枫木及杂木板材，厚度（10±1）mm，同方向连环式衔接钉制。钉制各板缝不得大于 3 mm，4 根直角档长度为（250±5）mm，横截面为 20 mm×20 mm，箱体内外及箱盖两面需用 28 g/m² 白光纸黏合一层，箱体外四壁及转角部分再用 14 g/m² 皮纸黏合一层。前者适用于沱茶，后者适用于米砖茶。

②内包装质量要求。内包装总的质量要求包装纸紧贴茶表面，不漏缝隙，包装端正、美观、无破损。内包装材料要求干燥、清洁、无毒、无异味，对茶叶不得有腐蚀及其他损害作用。内包装材料有纸、笋衣（适用于青砖茶、米砖茶、七子饼茶、紧茶等）、牛皮纸铝箔（厚度为 0.009～0.014 mm 的铝箔裱牛皮纸）和聚乙烯薄膜（厚度为 0.06～0.08 mm 的高压聚乙烯薄膜或 0.035 mm 低压聚乙烯薄膜，适用于米砖茶、沱茶）等。

③打包质量要求。打包质量要求捆扎方正、适中，不得过紧过松或上下歪扭。捆扎材料：塑料打包带，带宽 15 mm，断裂拉力大于 200 kg，适用于青砖茶、米砖茶、茯砖茶、黑砖茶、花砖茶、沱茶、康砖茶、金尖茶、普洱方茶，外包装呈甘字形或井字形的捆扎。篾条要求用青竹篾，适用于康砖茶、金尖茶、湘尖茶的捆扎，康砖茶、金尖茶封口采用 U 形竹签，之后选用两根长篾纸直捆，短篾横箍 5 道，按一定的距离排列，用穿套法捆扎；湘尖茶呈十字形捆扎，上插 5 个梅花孔。另外七子饼茶内包装用直径为 0.7 mm 铁丝捆扎，外包装用 0.5 mm 的麻绳捆扎，方包茶用大小竹签、竹块四角压口，六堡茶用麻布包扎缝牢。

2）红、绿、花茶包装质量要求。红、绿、花茶包装分运输包装和销售包装两种。

①运输包装质量要求。运输包装总的质量要求是牢固、防潮、整洁、美观、无异味，便于装卸、仓储和集装箱化运输，同一批次、同一花色品种应采用相同的包装。包装种类有胶合板箱、瓦楞纸板箱和牛皮纸板箱、麻袋或塑料编织袋等。

胶合板箱要求端正、整洁、钉制牢固、落钉结实、无歪钉、无漂钉，不得损坏箱体、钉距均匀、接缝严密，胶合板出厂含水率 10%～15%。箱内应装满茶叶，摇实，内衬封好，箱盖针合牢固，接缝严密，捆扎采用铁皮打包带按十字形打包，箱体外用一层麻布包裹，麻布紧贴箱身，各边用麻线或蜡线缝合，每边不少于7针，针脚要实、均匀、无脱缝，无露边，最后一针要回针。

瓦楞纸板箱分外销茶用瓦楞纸板箱、内销茶用瓦楞纸板箱、单瓦楞纸板箱及双瓦楞纸板箱，瓦楞纸箱的出厂含水率10%～16%。箱内应装满茶叶，摇实，内衬应封口良好。箱中可衬以底、盖瓦楞衬板加固。摇盖及四角角衬可用黏合剂黏合或用封箱钉钉合。表面还可采取上油、涂塑等相应的防护措施。捆扎采用熟料打包带按廿字形打包。

牛皮纸板箱要求平整结实，无污疵，箱内四角成直角，切口光滑均匀，对口齐整，压线明显，折叠无破裂，钉制牢固，钉距均匀。牛皮纸板箱的出厂含水率10%～14%。空箱抗压强度，横压、竖压均在2 000 kg以上；实箱跌落强度，从1.5 m高度跌面三次，跌边二次，跌角一次，基本无破裂漏茶情况；耐震程度承受公路300 km，铁路3 000 km的长途运输，箱体结构不松散，不漏茶。箱内装满茶叶，摇匀内衬应封口良好，箱盖封（钉）合牢固、严密。捆扎采用塑料打包带按十字形打包。

麻袋或塑料编织袋材质要求与紧压茶相同，内衬厚度为0.03～0.035 mm的低压聚乙烯塑料袋或厚底为0.06～0.08 mm的高压聚乙烯塑料袋。袋内装茶后摇实，内衬袋袋口扭结或用绳扎紧，麻袋袋口折裹成牛耳状或卷袋口（塑料编织袋折叠袋口），用麻线往复双道缝合，不少于11针，针脚要实、均匀，不得刺破内衬袋。

②销售包装质量要求。销售包装总的要求是外观平整、无皱纹、封口良好；不得有异味、裂纹和复合层分离；材质符合相关卫生标准。包装种类有袋、盒、罐等。

袋包装有纸袋（采用大于28 g/m^{2}的食品包装纸或大于50 g/m^{2}的牛皮纸制作，用无毒、无异味黏合剂黏合）、塑料袋（采用厚度为0.04～0.06 mm的聚乙烯吹塑薄膜制作）、复合袋（用聚丙烯/聚乙烯，聚酯/聚乙烯，尼龙/聚乙烯的薄膜复合制作，或中间复合铝箔。复合材料的厚度为0.06～0.12 mm）、滤袋（采用非热封型或热封型茶叶滤纸制作）等。

盒包装有纸盒（采用120 g/m^{2}的白板纸制作，用无毒、无异味黏合剂黏合）、木盒（采用无异味厚度为2～4 mm的模板制作，用无毒、无异味黏合剂黏合）、竹盒（采用防蛀的厚度为1～3 mm的竹片制作，用无毒、无异味黏合剂黏合）等。

罐包装有纸罐（采用厚度为0.6～1.5 mm的牛皮纸板卷制而成）、塑料罐（采用聚乙烯或聚丙烯树脂注塑制成罐壁厚度为0.4～1.0 mm）、铝罐（采用金属铝带卷制或冲压制作，罐壁厚度为0.4～1.0 mm）、铁罐（采用镀锌或镀锡的马口铁皮卷制，罐壁厚度为0.3～0.8 mm）、锡罐（用金属锡熔铸而成，罐壁厚度为0.5～1.2 mm）、陶罐/瓷罐/玻璃罐（采用高温烧制，罐壁厚度为1～2 mm）等。

二、储存

茶叶极易吸湿、吸收异味，同时在高温高湿、阳光照射及充足氧气条件下，会加速茶叶内含成分的变化，降低茶叶的品质，甚至在短时间内使茶叶发生陈化变质。要使茶叶的品质在较长时间内保持不变，必须防潮、防高温，避光避氧气，远离有异味的物品。

1. 茶叶储存的基本条件

（1）茶叶储存的环境条件。水分、温度、氧、光等因子的综合作用下均会影响到茶质变化，故茶叶从加工后到饮用前的储存应严格控制环境条件，具体要求为：茶叶仓库要防潮、避光、隔热、防污染，库房周围无异味，地势高燥，排水方便，通风散热方便，又可密闭遮光，库内温度不超过 30℃，相对湿度设法控制在 60% 以下，要专库专用，不得混装其他货物。

（2）防潮要求。首先要求储存的茶叶含水量要符合储藏的标准，从科学的角度要求茶叶含水量在 3% 能保持茶不变质，超过 6% 就容易陈化，所以茶叶储存的含水量应控制在 6% 以下。其次，在阴雨天气和库房外面高湿、高温的情况下，不得进货取货；库房的门窗要封闭，使仓库保持阴凉、干燥的环境。

（3）避光要求。光线直接照射会使茶叶中的叶绿素等化学成分变化，引起变色，并出现"日晒味"，降低茶叶的品质。即使在低温及无氧条件下保鲜的茶叶，一旦受到强光照射，也会使茶叶色泽劣变。所以，茶叶从加工后到饮用前都要避光。

（4）隔热要求。高温会使茶叶的内含物质氧化加快，促使茶叶陈化加快。所以，在夏季高温期间要尽量将茶叶保存在仓库里。茶叶储存的最佳温度为 0~10℃。气温在 15℃ 左右保存期不能超过 4 个月，气温在 25℃ 以上保存期不宜超过 2 个月，否则会出现较明显的变色和变味。

2. 食品保鲜剂的使用

茶叶的储藏保管至关重要。引起茶叶变色与变质的因子主要有温度、水分、空气与日照，另外异味同样会引起质变。空气中的氧是引起茶叶变质的主因，高温与潮湿（茶叶干度不足）是加快氧化变质的催化剂，脱氧保鲜剂起到抑制茶叶氧化的功效，因此用法得当，就能收到良好的效果。

脱氧保鲜剂根据茶叶包装量的不同，有 30、50、100、1000 型等规格，如 100 g 的袋装（罐装）茶用 50 型一小包脱氧保鲜剂，125 克装的用 100 型，250 克装的用 100 型，10 kg 箱装的用 1000 型，25~30 kg 箱装的用 3000 型。型号必须选准，小型号因吸氧量有限装在茶叶较多的包装内效果就差；反过来如 100 型放在 50 kg 装的效果虽然好，但成本费用就会增加。

茶叶盛袋后保鲜剂可放在上面，封口时最好挤掉空气，必须密封不漏气，如果漏气就会失效。用好后剩余的保鲜剂应立即将外包装袋封口，否则保鲜剂会吸氧发热降低使用效果。

另外，还应注意：一是成品茶必须干燥，一般茶含水量不超过 6%，潮了会降低效果；二是盛放的小包装袋以较厚的复合袋为好，通透性高袋子效果较差，尤以一般聚乙烯袋效果更差，一般选用纯铝箔袋最好，需封口严实；三是尽管为常温保鲜，但气温超过 25℃ 时，色泽或多或少有点变化，所以盛放地点温度较低为好。有条件的企业可用脱氧保鲜剂后再冷藏效果显著，不但保色更会保香保味。

三、相关知识

1. 茶叶包装知识

（1）茶叶包装的文字是包装的重要部分，茶叶包装的文字一定要简洁明了，充分体现商品属性。

(2) 茶叶包装的设计必须符合我国茶叶包装的有关规定。其标签标识内容应符合国家强制性标准 GB 7718—2004《食品标签通用标准》的有关规定和国家技术监督局发布的定量包装称重规定。营养保健茶按规定取得保健食品生产批准文号。其包装标签应符合国家强制性标准 GB 10344—2005《特殊营养食品标签》的规定。

按照规定，定量包装茶叶标签的内容必须包括茶叶的具体名称、配料表（仅限花茶和保健茶、药茶类）、净含量、加工制造商的名称和地址、生产（包装）日期、保质期或保存期、质量（品质）等级、产品标准号等八项内容。

(3) 茶叶包装需考虑的因素

1) 防潮。茶叶中的水分是茶叶生化变化的介质，低水分含量有利于茶叶品质的保存。茶叶中的含水量不宜超过 6%，长期保存时以 3% 为最佳，否则茶叶中的抗坏血酸容易分解，茶叶的色、香、味等都会发生变化。因此，包装时可选用防潮性能好的，如铝箔或铝箔蒸镀薄膜为基础材料的复合薄膜为包装材料进行防潮包装。

2) 防氧化。包装中氧气含量过多会导致茶叶中某些成分的氧化变质，如抗坏血酸容易氧化变为脱氧抗坏血酸，并进一步与氨基酸结合发生色素反应，使茶叶味道恶化。因此，茶叶包装中氧的含量必须有效控制在 1% 以下。在包装技术上，可采用充气包装法或真空包装法来减少氧气。

3) 防高温。温度是影响茶叶品质变化的重要因素，温度相差 10℃，化学反应的速率相差 3~5 倍。茶叶在高温下会加剧内含物质的氧化，导致多酚类等有效物质迅速减少，品质劣变加快。实验表明，茶叶的储存温度以 5℃ 以下效果最好。

4) 遮光。光线能促进茶叶中叶绿素和脂质等物质的氧化，使茶叶中的戊醛、丙醛等异味物质增加，加速茶叶的陈化。因此，在包装茶叶时，必须遮光以防止叶绿素、脂质等其他成分发生光催化反应。另外，紫外线也是引起茶叶变质的重要因素。解决这类问题可以采用遮光包装技术。

5) 阻气。茶叶的香味极易散失，而且容易受到外界异味的影响，特别是复合膜残留溶剂以及电熨处理、热封处理分解出来的异味更会影响茶叶的风味，使茶叶的香味受到影响。因此，包装茶叶时一要避免从包装中逸散出香味，二要避免从外界吸收异味，茶叶的包装材料必须具备一定的阻隔气体性能。

(4) 茶叶的包装方法

茶叶包装一般可分为两大类，既大包装和小包装。大包装也称运输包装，主要是为了便于运输装卸和仓储，一般用木箱和瓦楞纸板箱，也有采用锡桶或白铁桶的；小包装也称零售包装和销售包装，它既能保护茶叶品质，又有一定的观赏价值，便于宣传、陈列、展销，而且携带方便。小包装的种类很多，根据制作材料的不同可分为硬包装、半硬包装和软包装三类，硬包装有铁罐、锡罐、瓷瓶、玻璃瓶及工艺小木盒、小竹盒、工艺刻花镀金盒等，半硬包装多为各种硬纸盒，软包装有纸袋、塑料食品袋和各种复合袋等。

1) 金属罐包装。金属罐包装防破损、防潮、密封性能十分优异，是茶叶比较理想的包装。金属罐一般用镀锡薄钢板制成，罐形有方形和圆筒形等，其盖有单层盖和双层盖两种。从密封上来分，有一般罐和密封罐两种。在包装技术处理上，一般罐可采用封入脱氧剂包装法，以除去包装内的氧气。密封罐多采用充气、真空包装。金属罐对茶叶的防护性优于复合薄膜，且外表美观、高贵，其缺点是包装成本高，包装与商品的质量比高，增加了运输费用。精致的金属罐适合于高档茶叶的包装。

2) 纸盒包装。纸盒是用白板纸、灰板纸等经印刷后成型，遮光性能极好，但易破损。为解决纸盒包装茶叶香气的挥发，免受外界异味的影响，一般都用聚乙烯塑料袋包装茶叶再装入纸盒。纸盒包装的最大缺点是易受潮，近几年来出现了纸塑复合包装盒，解决了纸盒易受潮的问题。纸塑复合包装盒用内层为塑料薄膜层或涂有防潮涂料的纸板制成，既具有复合薄膜袋包装的功能，又具有纸盒包装所具有的保护性、刚性等性能。若在里面用塑料袋做成小包装袋，防护效果更好。

3) 塑料成型容器包装。聚乙烯、聚丙烯、聚氯乙烯等塑料成型容器具有美观大方，包装陈列效果好的特点，但是其密封性能较差，在茶叶包装中多作为外包装使用，其内包装多用复合薄膜塑料袋封装。

4) 复合薄膜袋包装。塑料复合薄膜具有质轻、不易破损、热封性好，有优良的阻气性、防潮性、可保香性、防异味、价格适宜等优点，在包装上被广泛应用。用于茶叶包装的复合薄膜有很多种，如防潮玻璃纸/聚乙烯/纸/铝箔/聚乙烯、双轴拉伸聚丙烯/铝箔/聚乙烯、聚乙烯/聚偏二氯乙烯/聚乙烯等。多数塑料薄膜均具有 80%～90% 的光线透射率，为减少透射率，可在包装材料中加入紫外线抑制或者通过印刷、着色来减少光线透射率。另外，可采用以铝箔或真空镀铝膜为基础材料的复合材料进行遮光包装。复合薄膜袋包装形式多种多样，有三面封口形、自立袋形、折叠形等。由于复合薄膜袋有良好的印刷性，用其做茶叶包装，对吸引顾客、促进茶叶销售具有独特的效果。

5) 纸袋包装。又称为袋泡茶，这是一种用薄滤纸为材料的袋包装，用时连纸袋一起放入茶具内。用滤纸袋包装的目的主要是为了提高浸出率，另外也使茶厂的茶末得到充分的利用。由于袋泡茶有冲泡快速、清洁卫生、用量标准，可以混饮、排渣方便、携带容易等优点，适应现代人快节奏的生活需要，因而在国际市场上很受青睐。早期的袋泡茶一般都有袋线，以满足多次浸泡的方便，考虑到环保的要求，现在逐渐流行不用袋线的袋泡茶。

(5) 茶叶包装的色彩心理。在茶叶包装中，色彩是影响视觉感受最活跃、最敏感的视觉要素之一。色彩有较强的视觉冲击力，同时又容易引起人们的心理变化和情感反应。茶叶包装设计成功的重要因素之一，便是对包装色彩的合理应用。它要求设计师具备丰富的色彩理论知识和对色彩细致敏锐的观察力，并且充分了解不同对象的欣赏习惯和审美心理，掌握人们认识茶叶包装色彩和欣赏茶叶包装色彩的心理规律，赋予色彩更大的魅力。有的色彩给人华丽、气派的感受，有的色彩给人古朴、稳重的感受，有的色彩使人感到清新、秀丽。不同的色彩搭配运用于不同的茶叶包装，产生的情绪和美感不尽相同。

(6) 定量包装计量单位。包装计量单位必须使用国家法定计量单位，即克（g）、千克（kg）。定量包装茶叶的实际净含量与表明净含量允差应符合规定的单件负偏差和平均负偏差，不得缺秤少量。如国家对进出口茶叶的衡量检验规定，其实际质量与标明质量允差为：散装茶 10 kg 装为 0.14 kg，40 kg 装为 0.25 kg；小包装茶 100 g 装为

0.5 g，500 g 装为 2.5 g。随着市场经济的发展，企业之间的竞争日趋激烈。因此，在提高茶叶产品质量的同时，也要重视产品包装的质量，符合国家规定标准。

2. 茶叶仓库管理规程

(1) 仓库日常管理

1) 仓库保管员必须合理设置各类物资和产品的明细账簿和台账。原材料仓库必须根据实际情况和各类原材料的性质、用途、类型分门别类建立相应的明细账、卡片，半成品、产成品应按照类型及规格型号设立明细账、卡片，财务部门与仓库所建账簿及顺序编号必须互相统一，相互一致。合格品、逾期品、失效品、废料、退回产品、返修产品应分别建账反映。

2) 必须严格按仓库管理规程进行日常操作，仓库保管员对当日发生的业务必须及时逐笔录入仓库出入库日报表，做到日清日结，确保物料进出及结存数据的正确无误。及时登记手工明细账并与库存实物的数据进行核对，确保两者的一致性。

3) 做好各类物料和产品的日常核查工作，仓库保管员必须对各类库存物资每月进行检查盘点，并做到账、物、卡三者一致。如有变动及时向营业部、财务部反映，以便及时调整。

4) 根据生产计划及仓库库存情况合理确定库存数量，并严格控制各类物资的库存量，有条件的单位逐步实行零库存；仓库保管员必须定期进行各类存货的分类整理，对存放期限较长，客户退货失效等不良存货，要每月编制报表，报送各营业部领导及财务人员，营业部对本单位的各类不良存货每月必须提出处理意见，责成相关部门及时加以处理。

(2) 入库管理

1) 物料进仓时，仓库管理员必须凭送货单、检验合格单办理入库手续；如属回收物资应凭回用单办理入库手续，拒绝不合格或手续不齐全的物资入库，杜绝只见发票不见实物或边办理入库边办理出库的现象。

2) 入库时，仓库管理员必须查点物资的数量、规格型号、合格证件等项目，如发现物资数量、质量、单据等不齐全时，不得办理入库手续。未经办理入库手续的物资一律作待检物资处理放在"待检区域内"，经检验不合格的物资一律退回，放在"暂放区域"，同时必须在短期内通知经办人员负责处理。

3) 一切原材料的购入都必须用专用发票方可入库报销，无税票的，其材料价格必须下浮到能补足扣税额为止。同时要注意审查发票的正确性和有效性。

4) 入库材料在未收到相应发票前，仓管员必须建立货到票未到材料明细账，并根据检验单等有效单据及时填开货到票未到收料单（当月票到的可不开）。在收到发票后，冲销原货到票未到收料单，并开具材料票到收料单，月底将货到票未到材料清单上报财务。

5) 收料单的填开必须正确完整，供应单位名称应填写全称并与发票单位一致，如属票到抵冲的，应在备注栏中注明原入库时间，成品件收料单上还应注明单重和总重。收料单上必须有保管员及经手人签字，并且字迹清楚。每批材料入库合计金额必须与发票上的不含税金额一致。

6）因质量等原因而发生的退回货品,必须由生产部相关人员技术人员填写退货处理单,办妥手续后方可办理入库手续。

（3）出库管理

1）各类材料的发出,原则上采用先进先出法。物料（包括原材料、半成品等）出库时必须办理出库手续,并做到限额领料。车间领用的物料必须由车间主任（或其指定人员）统一领取,领料人员凭车间主任或计划员开具的生产指令单或相关凭证向仓库领料,行政各部门只有经主管领导签字后方可领取。领料员和仓管员应核对物品的名称、规格、数量、质量状况,核对正确后方可发料。仓管员应开具领料单,经领料人签字,登记入卡、入账。

2）成品货品发出必须由各营业部开具发货单,仓库管理人员凭盖有财务发货印章和销售部门负责人签字的发货单仓库联发货,并登记卡片。

（4）其他管理

1）仓管员在月末结账前要与车间及相关部门做好物料进出的衔接工作,各相关部门的计算口径应保持一致,以保障成本核算的正确性。

2）必须正确及时报送规定的各类报表：收付存报表、材料耗用汇总表、3个月以上积压物资报表、货到票未到材料明细表,每月27日前上报财务及相关部门,并确保其正确无误。

3）库存物资清查盘点中发现问题和差错,应及时查明原因,并进行相应处理。如属短缺及需报废处理的,必须按审批程序经领导审核批准后才可进行处理,否则一律不准自行调整。发现物料失少或质量上的问题（如超期、受潮、生锈、老化、变质或损坏等）,应及时用书面形式向有关部门汇报。

4）因客户需要,要求在外设立仓库的,必须报经总经理批准后作为库存转移,并报财务部备案,其仓库管理纳入所在营业部仓库管理。外设仓库必须由专人负责登记库存商品收发存台账,并将当月增减变动及月末结存情况编成报表,定期盘点清查,每月将各类报表在规定的时间内报送营业部及财务人员。

理论知识考核试卷（一）

一、填空题（请将正确答案填在横线空白处。每空1分，共20分）

1. 中国是茶树原产地，从茶的发现至今已有_____历史，茶祖师陆羽于8世纪就编写出世界上第一部茶叶专著_____。

2. 制茶是指采用一定的方法将茶树鲜叶制作成饮用品的过程，制茶技术就是掌握和控制这种方法的_____。

3. 原安徽农业大学教授陈椽（1908—1999）提出的六大茶类分类方法以制茶方法为基础结合茶叶品质特征为依据，将茶叶分为_____、_____、白茶、青茶和红茶。

4. 适宜茶树生长的环境条件包括_____、_____、_____、_____。

5. 茶树品种分类第一级分类系统称为"型"。分类性状为树型，主要以自然生长情况下植株的高度和分枝习性而定，分为_____、_____、_____。

6. 茶类适制性是指品种固有的制约着茶叶品质的种性，也就是指茶树品种最适宜制作哪一类或几类优质茶的_____。

7. 茶树种植时必须掌握好以下几个环节：_____、_____、_____、合理密植、苗期管理、定型修剪。

8. 青茶是六大茶类之一，其初制基本工艺为萎凋、做青、炒青、揉捻、干燥。做青是形成青茶_____的关键工序。

9. 再加工茶包括_____。这类茶均是以绿茶为原料，利用鲜花窨制而成或采用特殊方法加以压制而成。

10. 茶树生长所需水分，主要指雨量、湿度。水分不仅为茶树生长的_____，还是形成茶叶品质的重要因子。

二、判断题（下列判断正确的打"√"，错误的打"×"。每题2分，共20分）

1. "杀青"是形成绿茶外形、茶汤、叶底三绿品质特征的关键工序。（   ）

2. 在干燥工序中，用锅炒或滚筒干燥的称烘青茶，用烘干机或烘笼干燥的称炒青茶，用日光干燥的称晒青茶，用烘炒相结合干燥的称半烘炒茶。（   ）

3. 黄茶生产历史悠久，最早可追溯到公元1570年前后，历史上有名的贡茶——蒙顶黄芽（四川）、君山银针（湖南）等就属黄茶类。黄茶生产的初制工艺为杀青、揉捻、闷黄、干燥。（   ）

4. 四川黑茶因销路不同分南路边茶（简称南边茶）和西路边茶（简称西边茶），南边茶产于四川雅安市，以原料和成品品质不同分为康砖和金尖两个品种，主销西藏、青海和四川甘孜藏族自治州；西边茶主产于阿坝藏族自治州和四川平武县，以原料不同分

为茯砖和方包两个品种，主销四川阿坝藏族自治州、青海、甘肃等地。（　）

5. 白茶是福建省特种茶之一，主产地有福鼎、政和、松溪和建阳等地，白茶初制工艺为萎凋、干燥。主要产品有白毫银针、白牡丹、贡眉和寿眉等。（　）

6. 武夷岩茶指产于福建省武夷山市武夷山区的乌龙茶，产品有大红袍、名枞、武夷肉桂、单枞、铁观音等。（　）

7. 红茶是我国传统出口茶类之一，产区广、品种多、质量优，深受国际市场好评。其初制工艺为萎凋、揉捻（或揉切）、渥堆、干燥。（　）

8. 花茶根据使用的鲜花不同分为茉莉花茶、珠兰花茶、白兰花茶、玫瑰花茶、桂花茶、柚子花茶等。其中最常见的是白兰花茶，茶区最广，几乎各产茶省都有生产。（　）

9. 新型茶品按其用途分为茶饮料、茶食品、茶保健品和茶日化品等。（　）

10. 大叶类叶长 10～14 cm，叶宽 4～5 cm；中叶类叶长 7～10 cm，叶宽 3～4 cm；小叶类叶长 7 cm 以下，叶宽 3 cm 以下。（　）

三、单项选择题（下列每题有三个选项，其中只有一个是正确的，请将其代号填在横线空白处。每题 2 分，共 20 分）

1. 编撰世界历史上第一部茶叶专著《茶经》的作者是_____。
   A. 神农　　　　　B. 华佗　　　　　C. 陆羽
2. 茶树的营养芽，按其生长部位的不同可分为_____。
   A. 顶芽和腋芽　　B. 定芽和不定芽　C. 腋芽和不定芽
3. 适宜茶树生长的土壤为_____土壤。
   A. 酸性　　　　　B. 中性　　　　　C. 碱性
4. 形成绿茶外形、茶汤、叶底三绿品质特征的关键工序是_____。
   A. 萎凋→揉捻→燥　　　　　　　　B. 摊青→揉捻→干燥
   C. 杀青→揉捻→干燥
5. 扁炒青因其外形扁平而得名，主要有_____。
   A. 龙井、竹叶青、巴山雀舌等　　　B. 龙井、竹叶青、黄山毛峰等
   C. 黄山毛峰、洞庭碧螺春、巴山雀舌等
6. 闽北乌龙茶主要产品有_____。
   A. 武夷肉桂、水仙、奇种等　　　　B. 闽北水仙、闽北乌龙、白毛猴等
   C. 永春佛手、闽南水仙、福建单枞等
7. 花茶根据使用的鲜花不同分为茉莉花茶、珠兰花茶、白兰花茶、玫瑰花茶、桂花茶、柚子花茶等。其中最常见的是_____。
   A. 茉莉花茶　　　B. 珠兰花茶　　　C. 桂花茶
8. 对第一次定型修剪，当茶苗 75%～80% 长到 30 cm 以上时，即可进行第一次定型修剪，修剪高度以离地面_____cm 为宜。
   A. 10～15　　　　B. 20～25　　　　C. 15～20
9. 茶园的深耕一般在茶季结束后的_____月间进行，这样有利于茶树根系迅速恢复生长。

A. 8—9　　　　　B. 9—10　　　　　C. 10—11

10. 一般认为土壤相对含水量保持在＿＿＿＿范围内，对茶树生长最为有利。

A. 60%～70%　　　B. 70%～80%　　　C. 80%～90%

四、简答题（每题 8 分，共 40 分）

1. 制茶技术的发展大致可分为哪几个阶段？
2. 我国茶叶按照制法分类大致分为哪几大类？
3. 简述花茶的成因、特征、种类、最常见的花茶品种及其内、外销市场情况。
4. 适宜茶树生长的环境气候条件中，有哪些主要因素对茶树生长造成直接影响？
5. 简述第二级分类系统中特大大叶类、大叶类、中叶类和小叶类成熟叶片长度、宽度的区别。

理论知识考核试卷（一）答案

一、填空题

1. 五千多年　《茶经》　2. 能力　3. 绿茶　黄茶　黑茶　4. 气候条件　地形　土壤　茶园灌溉条件　5. 乔木型　小乔木型　灌木型　6. 特性　7. 整地与施基肥　选用良种　茶苗移栽　8. 品质特征　9. 花茶和紧压茶　10. 控制因子

二、判断题

1. √　2. ×　3. √　4. √　5. √　6. ×　7. ×　8. ×　9. √　10. √

三、单项选择题

1. C　2. B　3. A　4. C　5. A　6. B　7. A　8. C　9. B　10. B

四、简答题

1. 初级阶段、发展阶段和深入阶段。

2. 绿茶、黄茶、黑茶、白茶、青茶、红茶。

3. 花茶又称窨花茶、香花茶，是我国独特的茶叶品种，以经精制加工的茶叶，配以清高芬芳或馥郁甜香的鲜花，通过特殊的窨制技术加工而成。茶引花香、花促茶香、增益香味、相得益彰、两美兼备、别具风韵都是对花茶的赞美。花茶根据使用的鲜花不同分为茉莉花茶、珠兰花茶、白兰花茶、玫瑰花茶、桂花茶、柚子花茶等。其中最常见的是茉莉花茶，茶区最广，几乎各产茶省都有生产。内销市场广阔，北方市场以花茶消费为主；南方各产茶区，花茶在市场上也占据不小的份额。对外销往日本、美国、法国、意大利等国。

4. 温度、水分、光照、空气。

5. 特大叶类叶长在 14 cm 以上，叶宽 5 cm 以上；大叶类叶长 10～14 cm，叶宽 4～5 cm；中叶类叶长 7～10 cm，叶宽 3～4 cm；小叶类叶长 7 cm 以下，叶宽 3 cm 以下。

理论知识考核试卷（二）

一、填空题（请将正确答案填在横线空白处。每空1分，共20分）

1. 中国茶园面积约为_____万公顷。
2. 全国分四大茶区，即_____、_____、_____和_____。
3. 西南茶区地形复杂，大部分地区为_____、_____，土壤类型亦多。
4. 除了四大茶区外，在我国的_____和东南部以及_____也种植了一部分茶树。
5. 四川盆地年平均温度为_____，云贵高原年平均气温为_____。整个茶区冬季较温暖，一般仅为_____，但个别地区除外。
6. 茶叶色泽的类型和深浅程度是由鲜叶中固有的色素物质和某些化学物质，主要是多酚类物质，在茶叶加工过程中变化或增加、_____、_____成新物质的_____决定的。
7. 多酚类物质是一种由_____酚性物质组成的混合物。
8. 海拔高一些，造成多雾，漫射光就多，有利于茶树光合作用。高海拔地区，晚上天空辐射降温，气候凉爽，减少茶树呼吸消耗，净同化率高，在空气湿度大的时候，形成云雾，提高茶树_____。
9. 目前我国已发掘的茶树_____约有500多个。近年来，经全国各有关单位选育出的茶树新品种、品系，据不完全统计，有100多个。
10. 无性系品种一般采用_____，群体中各植株的性状整齐一致，短穗扦插的幼苗无主根，为须根系，根颈部有短穗遗痕，比较容易鉴别。

二、判断题（下列判断正确的打"√"，错误的打"×"。每题2分，共20分）

1. 儿茶素在多酚类物质中所占比例较大，约占70%～80%。（　　）
2. 氨基酸是蛋白质的主要组成部分，鲜叶中蛋白质含量较高，约占干物质的30%，一般情况下，幼嫩芽叶含量高于粗老叶，夏茶高于春茶。（　　）
3. 咖啡碱是茶叶中生物碱的主要物质之一，一般为干物质含量的2%～5%，咖啡碱呈绢丝光泽的针状结晶，不易溶于水，具苦味。（　　）
4. 多糖类物质多数不溶于水，但多糖中的淀粉在冲泡过程中，通过酶的作用可分解成可溶性的葡萄糖和麦芽糖参与到茶滋味中。（　　）
5. 茶叶的形状包括干茶形状和叶底形状两方面，是茶叶品质的重要组成部分，也是各种不同茶叶外形特征的表现之一。（　　）
6. 扁形茶干茶形状为茶条扁、平、直，如竹叶青、龙井、蒙顶黄芽等。（　　）
7. 卷曲形茶干茶形状为茶条紧细卷曲显毫，如蒙顶甘露、碧螺春、峨蕊等。（　　）

8. 尽管茶叶形状各式各样，但是无论哪种都是在制茶过程中形成的，即揉捻成形（团块形例外），干燥定型。（　　）

9. 从茶叶品质的形成可以看出，决定茶叶品质色、香、味、形的主要因素有两个，一个是鲜叶内含物，另一个是精制加工和技术。相同的鲜叶采用不同的制茶工艺，能制出不同茶类的茶；即便采用相同的加工工艺，加工技术的不同也会制成不同品质的茶。（　　）

10. 有资料认为茶叶中的多酚氧化酶的最适温度（在一定条件下，酶促反应物达到最高量时的温度）为52℃；酶钝化临界温度（在一定条件下，酶促反应速度为零时的温度）为85℃。（　　）

三、单项选择题（下列每题有三个选项，其中只有一个是正确的，请将其代号填在横线空白处。每题2分，共20分）

1. 萎凋是制＿＿＿＿＿＿＿的第一道工序，虽然制造这三类茶的第一道工序都是萎凋，萎凋原理、作用也相同，但是由于它们的品质特点差异很大，萎凋在各自的加工工艺中的目的和要求不同。

　　A. 白茶、青茶、红茶　　　B. 白茶、青茶、黄茶
　　C. 绿茶、青茶、红茶

2. 鲜叶萎凋过程实际上是鲜叶的一个物理化学变化过程，即随着鲜叶水分的散发和内含物的变化而导致叶片面积萎缩，＿＿＿＿＿＿＿，青草气逐步减弱。

　　A. 叶质变软，叶色红变　　B. 叶质变暗，叶色变软
　　C. 叶质变软，叶色变暗

3. 六大茶类制造中，多数都有揉捻工序，只有＿＿＿＿＿＿＿和绿茶中的少数品种例外。揉捻就是让经过前一工序（杀青或萎凋）改变了物理性能的鲜叶受力变形。

　　A. 白茶、绿茶　　　B. 白茶、黄茶　　　C. 红茶、黄茶

4. 闷黄或渥堆的技术主要是对在制品＿＿＿＿＿＿＿的控制。叶内水分含量越高，其化学反应越剧烈，释放出的热量也越多，叶温就升得越快；叶温越高，反过来又加速湿热作用的进行。

　　A. 水分和温度　　　B. 加工技术和温度
　　C. 渥堆的高度（厚度）和温度

5. 发酵是鲜叶细胞组织损伤时，叶内＿＿＿＿＿＿＿在酶促作用下，所产生的一系列氧化、聚合、缩合反应，从而形成显现红茶品质特征——红叶红汤所需的有色物质。

　　A. 温度　　　B. 水分　　　C. 多酚类物质

6. 干燥是所有茶类制造的最后一道工序，是形成和发展茶叶品质的重要工序之一。茶叶干燥既是＿＿＿＿＿＿＿过程，同时也是热化学变化过程，在要求干燥技术控制茶叶水分蒸发速度的同时，控制化学反应的方向和速度。

　　A. 水分蒸发　　　B. 青草气逐步减弱　　　C. 外形形成

7. 毛茶精制主要包括筛分、切轧、＿＿＿＿＿＿＿。

　　A. 风选、拣剔、揉捻　　　B. 风选、拣剔、再干燥
　　C. 揉捻、拣剔、再干燥

8. 筛分是利用各种不同的筛分方法和技术，使筛内茶叶因受不同力量的作用而作各种形式的运动，性状（如长短、粗细、轻重、薄厚等）相似的茶叶相继通过同一规格的筛孔相对集中，从而达到_____的目的。

    A. 整理净度　　　　　　B. 整理内质　　　　　　C. 整理外形

9. 切轧的目的是利用各种切轧机将_____（孔）的头子茶（不能通过第一面筛网的粗大茶叶，如抖头、撩头、毛茶头等）做细，或折断，或分解，使其顺利通过筛孔，以提高正茶率。

    A. 已经通过筛网　　　　B. 不能通过筛网　　　　C. 可以通过筛网

10. 风选的目的是采用各种风力选别机，分别茶叶的轻重和薄厚，去除黄片、茶末和碎片茶以及其他轻质的夹杂物。风选是_____最重要的一个过程。

    A. 分别等级　　　　　　B. 分别长短　　　　　　C. 分辨外形

四、简答题（每题8分，共40分）

1. 简述拣剔的目的、拣剔技术的作用对茶叶品质的影响。
2. 什么是鲜叶？
3. 简述鲜叶原料产生明显劣变的原因。
4. 简述杀青的原理及杀青的主要作用。
5. 简述名茶概念、名茶加工概述、制作名茶加工的基本工序。

理论知识考核试卷（二）答案

一、填空题

1. 110　　2. 西南茶区　华南茶区　江南茶区　江北茶区　　3. 盆地　高原　4. 山东半岛东部　江苏省东北部　　5. 17℃　14～15℃　−3℃　　6. 或减少　或转化、程度　7. 30多种　　8. 持嫩性　　9. 地方品种或类型　　10. 短穗扦插繁殖

二、判断题

1. √　2. ×　3. ×　4. ×　5. ×　6. √　7. √　8. √　9. ×　10. √

三、单项选择题

1. A　2. C　3. B　4. A　5. C　6. A　7. B　8. C　9. B　10. A

四、简答题

1. 拣剔的目的是利用手拣或机拣将混入毛茶中的茶籽、茶茎梗、粗老叶片或不符合在制品质量要求的茶条等茶类夹杂物和非茶类夹杂物剔除，以补救毛茶采制的粗放和筛分、风选作业的疏漏，进一步整齐形状，提高净度。

　　拣剔是毛茶精制的主要过程之一，提高净度对成品外形品质影响很大。拣剔分手拣和机拣两种。手拣虽拣净率高，但拣剔效率较低，在生产实践中，常用于高档次名优茶和需要保持毛茶原有形状的茶叶拣剔，或者辅助机拣；拣剔机器是根据茶与梗的物理特性如形态、流动性及含水量等不同设计的，在拣剔过程中，若遇茶、梗物理性能相近的往往会被误拣或漏拣，对非茶类夹杂物也无能为力，从而影响拣净率，所以，对净度要求较高的产品往往辅助手拣（如功夫红茶、青茶、白茶等），才能达到成品质量要求。

2. 鲜叶是茶树顶端新梢的总称，包括芽、叶、梗。鲜叶又称生叶、茶草、青叶等。鲜叶经过不同的制茶工艺加工之后，便形成各种不同品质特征的成品茶。

3. 鲜叶原料产生明显劣变的原因主要有：

（1）鲜叶采摘后储藏不当，叶堆过高，导致叶内温度过高，烧叶劣变。

（2）鲜叶在运输过程中，环境温度过高，通风散热不够，运输时间太长造成劣变。

（3）机械损伤叶没有及时处理造成的劣变等。

（4）鲜叶没有得到及时加工处理，造成劣变，失去价值的。

明显劣变叶的一般特征：根据劣变原因不同，劣变叶色泽上也不同，有的灰暗，有的明显变黄，有的则呈红褐色至黑色；气味上，由鲜叶的清香变为酸馊味或其他异味；鲜叶失水过多，不能达到制作工艺所需的鲜叶水分含量的。

4. （1）杀青的原理：杀青是利用高温抑制鲜叶中酶的活性，使茶叶保持绿色；同时利用高温去除青草气及低沸点物质，以利于茶叶香气的形成；利用高温除去一部分水分，使叶子变软，有利于揉捻造型。杀青常用锅子或滚筒进行加热，也有用蒸汽杀

青的。

（2）杀青的主要作用如下：

一是迅速破坏鲜叶中酶的活性，制止多酚类化合物的酶性氧化，以便获取和保持绿茶应有的色、香、味的品质特征。

二是促进青草气快速挥发，发展茶叶香气。

三是利用高温的作用改变鲜叶内含成分性质，形成绿茶品质雏形。

四是蒸发鲜叶中的部分水分，使叶质变得柔软，增强杀青叶的韧性，为揉捻成条做好充分的准备。

5. 名茶是指被消费者公认，能产生较高经济效益，形质兼优，风格独特的商品茶，通常具有独特的外形、优异的色、香、味品质。

名茶加工概述：名茶的工艺流程是在绿茶的杀青、揉捻、干燥这些基本工艺的基础上发展起来的。由于名优绿茶特有的外形要求和鲜叶特性的不同，使得名优绿茶的工艺流程比大宗绿茶更为精湛复杂，加工工序可分为鲜叶摊放、杀青、揉捻、做形、干燥、毛茶整理六道基本工序。每一种名优绿茶都离不开这六道工序的作业原理，但有时可根据名优绿茶的鲜叶特性及名茶品质的要求，而将有些工序合并成一道工序分几个阶段完成。

名茶加工的基本工序为：鲜叶维护与处理→杀青→揉捻→做形→干燥→毛茶整理。